U0259154

蛋糕装饰技艺

【英】菲奥娜·皮尔斯 著

于涛 译

中国纺织出版社

蛋糕装饰技艺

中国纺织出版社

前言

感谢购买本书。

从我在我的博客Icing Bliss中贴出蛋糕装饰教程，并进行蛋糕装饰教学开始，我发现有很多人不相信自己能做出漂亮的蛋糕装饰。但是，事实上，只要有一些蛋糕装饰工具，再加上一定的练习，漂亮的蛋糕装饰成品并不是那样遥不可及。

本书介绍了12种蛋糕花样，每一种都提供了分步骤的说明，用以帮助读者们更好地掌握蛋糕装饰的技巧，在任何场合都能做出精美的蛋糕。每一种花样都介绍了装饰前应该做哪些准备，还重点介绍了各种不同的工具，包括用镂空模板给蛋白糖霜印花、用刷子画花纹、用奶油奶酪做出简单的图案或是用花瓣模具做出美丽的花朵和装饰。我精选了一些适合初学者的设计，对初学者来说，

他们没有过多蛋糕装饰的经验，但是我希望这本书能够激发那些对蛋糕装饰富有兴趣的人们，能成为他们进行蛋糕装饰的工具书。本书的前几章介绍了一些简单的技巧，后面几章则介绍了比较复杂的技巧。

每一个部分的说明，都会准确地指导你制作每一款蛋糕。我鼓励读者们去创新这些设计，改变其中的颜色，来做出自己独一无二的作品。你还可以在制作时添加一些额外的装饰。你将很快掌握这些富有魅力的装饰技巧，并运用到烘焙制作的其他方面，例如饼干装饰或纸杯蛋糕装饰中。

我还在书中提供了一些配方。这本书侧重于糖艺装饰，而不是烘焙。由于很多人没有时间或耐心去自己烤蛋糕，只想专注于装饰，去烘焙店或超市中买来现成的蛋糕坯进行装饰也是可以的。

我希望你能够喜欢这本书，并受到鼓舞，将其中的技巧运用到未来的蛋糕装饰中。

愿你能快乐地制作蛋糕！

Fiona

Contents 目录

工具箱

厨房器具与蛋糕装饰用具多种多样，可以尽情选购，有一些用品在这本书中是必备的，在你以后进行蛋糕装饰时，也时常会用到。

基础蛋糕用具

蛋糕分片器 辅助切出厚度一致的蛋糕切片。

蛋糕抹平器 辅助将蛋糕糖衣表面抹平。

蛋糕转台 进行蛋糕装饰时，帮助轻松地旋转蛋糕。

可食用胶水 将装饰物粘在蛋糕上。

不同规格的刀子 切割糖衣面团。

不同规格的不粘擀面杖 延展糖衣面团和花朵形状糖衣。

大号不粘面板 延展糖衣面团。

不同型号的画笔 用于撒粉装饰、粘合装饰品或直接在蛋糕上作画。

锯齿刀 用于把蛋糕切成不同的大小。

抹刀或调色刀 用于制作馅料或加工蛋糕涂层。

匙（茶匙、汤匙） 混合糖衣，向裱花袋中添加馅料，或给干了的花瓣形状糖衣做弯曲的造型。

创意工具

球形塑形工具 用于给装饰品塑形。

骨形塑性工具 用于给翻糖花朵边缘塑形。

蛋糕底座 用于展示蛋糕。

蛋糕卡 作为模板确定特殊的蛋糕形状或大小，或者附加到小号的蛋糕（或纸杯蛋糕塔）上。

取食签（牙签） 用于给糖衣添加颜色或给花朵形状糖衣添加褶边。

饼干模 将饼干坯切割成不同的形状。

双面胶带 用于在蛋糕上和包装纸上粘贴丝带。

带花纹的可食用糖霜纸 可以剪开，用在饼干或蛋糕装饰上。

可食用闪粉 用于装饰蛋糕。

可食用糖珠 用于装饰蛋糕或纸杯蛋糕。

压花印章 用于在干佩斯或翻糖上添加花纹。

5瓣玫瑰花模具 用于制作分层的玫瑰花或其他花朵。

花艺铁丝 用于支撑糖花，或是将装饰品直立地粘附到蛋糕上。

海绵垫 用于给装饰物塑形的时候做衬垫。

褶边模具 用于切割出褶边的形状。

金属尺子 测量蛋糕尺寸，辅助切割条状翻糖和干佩斯。还可以测量蛋糕与装饰物之间的距离。

调色盘 调和食用颜料和食用闪粉，还可以用来给装饰物塑形。

膏状食用色素 给糖衣染色。

拼接模具 切割装饰品形状或给翻糖压花。

裱花袋 用于装奶油糖霜或蛋白糖霜。

裱花嘴 用于裱花。

比萨刀 用于切割条状翻糖和干佩斯，制作丝带或缎带玫瑰装饰。

弹簧切模 用干佩斯制作花朵、叶子、心形等装饰。

翻糖花插 在蛋糕中固定带有金属丝的装饰品。

绗缝花纹刀 在干佩斯上制作出绗缝花纹。

米纸 制作可食用的半透明装饰，如花朵。

剪刀 剪切干佩斯、可食用糖霜纸或米纸。

打孔工具 用于在蛋糕上设计图形或在干佩斯上添加纹理。

塑形切模 用于干佩斯或翻糖的各种形状的切模，如花朵、叶子、几何图形等。

硅胶模具 可以用干佩斯或翻糖制作出立体装饰，如扣子、珍珠、胸针等。

准度条 在擀平干佩斯时使其厚度一致。

挤压瓶 装入较稀的蛋白糖霜，用于糖霜饼干装饰。

镂空板 用可食用闪粉或者蛋白糖霜给蛋糕制作镂空图案。

小镊子 给蛋糕辅助添加精巧的装饰品，如糖珠。

羊皮纸 缠绕蛋糕，给其添加图案。

复古纸杯蛋糕塔

这是你会经常在婚礼或甜点台上见到的快速又富有创意的造型。在这里，覆有翻糖表皮的纸杯蛋糕用奶油糖霜一个摞一个地码成可爱的小型塔状，可以聚在一起，也可以在正式场合堆放到分层展示台中，或单独包装在独立包装中作为礼物。

技巧备忘录这一章你会学到

✓ 制作纸杯蛋糕塔时切割、填充的方法，在正式抹面前用少许鲜奶油预抹面的方法。

✓ 用翻糖装饰纸杯蛋糕塔。

✓ 用干佩斯装饰做出缎带玫瑰、蝴蝶结、花饰或珍珠项链花边。

✓ 用可食用糖珠或牛皮纸来美化蛋糕塔。

你需要

- 6个大号的纸杯蛋糕或9个小号的纸杯蛋糕
- 250克奶油糖霜
- 500克浅灰色翻糖膏
- 干佩斯，白色和粉色各50克
- 1汤匙蛋白糖霜，放入裱花袋中，装2号圆花嘴
- 可食用糖珠
- 圆形金属模具，与纸杯蛋糕直径相同，5厘米
- 3张7.5厘米的圆形蛋糕卡
- 丝带（配有可选择的花边）和双面胶带
- 珍珠项链硅胶模具
- 比萨刀（选配）
- 剪刀和镊子
- 基础的蛋糕工艺用具（参照"工具箱"部分）

准备蛋糕塔

1 将烤好的纸杯蛋糕冷冻15分钟，从纸杯中取出，在面板上翻过来，用锋利的小刀将其表面切平。

2 用相同直径的圆形模具修整每一个纸杯蛋糕的边缘，得到相同大小的圆柱形蛋糕坯（A）。

3 用抹刀或调色刀在每一个蛋糕坯顶层涂抹奶油糖霜，然后将2个大号杯子蛋糕（或3个小号杯子蛋糕）堆叠起来呈塔状（B），如果有奶油糖霜从连接处被挤出，只需要在蛋糕表面用抹刀抹开即可，重复这个步骤，制作3个蛋糕塔。

4 给蛋糕涂一层"碎屑外衣"，把蛋糕的碎屑包裹住。用抹刀在每一个蛋糕塔的顶部和外层涂薄薄一层奶油糖霜（C）。刚开始很容易抹

多，可以在整个蛋糕塔都涂抹均匀后，刮掉多余的量。注意要把奶油糖霜涂满整个蛋糕塔，要尽量地薄，可以隐约看到蛋糕本体的样子。

5 用少许奶油糖霜给每个蛋糕塔贴上卡片，然后把它们放入冰箱冷冻30分钟，使奶油糖霜变硬。

6 当蛋糕的"碎屑外衣"做好之后，揉制一块灰色的翻糖膏团，直至其变得柔软光滑。用一根不粘的大号擀面杖将翻糖膏在不粘面板上擀平，成为一个圆形，厚度约5毫米，用擀面杖将翻糖面皮从面板上拿起，小心地覆盖在一个蛋糕塔上（D）。

7 用手将蛋糕塔的外皮上下抹平，将翻糖边缘向下抹平时，你可能会发现在底部出现了褶皱，这时要轻轻地从侧面修整多余的翻糖，再次自上而下抚平，就可以得到平滑服帖的糖衣（E）。

8 用锋利的小刀修剪蛋糕塔底部多余的翻糖（F）。

9 用蛋糕抹平器（如果有足够的工具的话，最好是两个）来修整蛋糕的顶部和边缘（G）。这可以将翻糖与蛋糕压紧，防止出现气泡，使蛋糕外表看起来光滑平整。

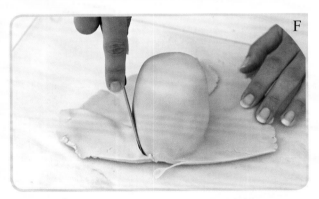

10 重复步骤6~9，制作剩下的2个蛋糕塔。用双面胶带在其中两个蛋糕塔底部贴一圈花边。剪一片羊皮纸，包住第3个蛋糕塔，使其从底部包住蛋糕的2/3。在适当的位置用双面胶带将羊皮纸固定，如果有需要的话，可以用蕾丝丝带围绕羊皮纸中部打一个结。

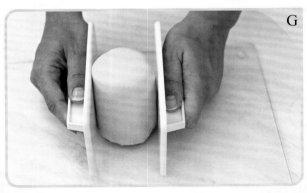

复古纸杯蛋糕塔

制作蝴蝶结

1 揉制一块白色的翻糖团,直至其柔软光滑。用不粘的大号擀面杖将翻糖在不粘面板上擀平,然后用一把锋利的小刀或比萨刀切出大约3厘米宽、12厘米长的长条。

2 将长条的中部捏合,用小刷子在捏合部分的顶端涂上一层食用胶水(A)。

3 将长条的两端也捏一下,然后把它们向中间折起来,用食用胶水粘合(B、C)。

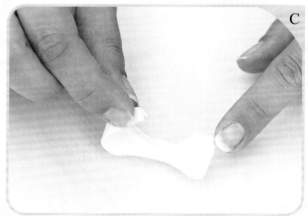

4 切下大约2厘米宽、5厘米长的一小段白色翻糖。将食用胶水涂在它的背面（D）。将这一小段翻糖的中部对准蝴蝶结的中间（有胶水的一面朝下），用这一段翻糖将蝴蝶结两端的结合处包裹起来（E）。

5 给蝴蝶结做两条"尾巴"。揉制白色翻糖，剪两条大约2.5厘米长的条，你可以依照你的喜好控制长度，在这里我制作的长条大约是8厘米。

6 用小刀将每一条翻糖的顶端划成燕尾状（F）。

7 用可食用胶水将两条"尾巴"贴在蛋糕塔的顶端，使其看起来轻轻地搭在蛋糕边缘（G）。用蛋白糖霜将蝴蝶结粘在"尾巴"上面（H）。

Tip

在等待蝴蝶结干燥的时候，可以在蝴蝶结两边的环形中塞入厨房纸巾或面巾纸，使蝴蝶结成形后看起来立体有形。

D

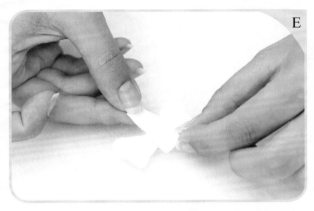

E

F

G

H

制作丝带花

1 用一根不粘的擀面杖，将长条形的粉色翻糖团擀薄。条形翻糖擀得越长，做出来的丝带花就越大。如果想做一朵比较小型的玫瑰，翻糖至少需要15厘米长、3厘米宽。

2 以任意一端为起点，像蜗牛壳的形状一样把条形翻糖卷起，做出丝带玫瑰的花心。

3 围绕着中心缠绕条形翻糖，捏住花心底端打褶，做出花瓣的褶皱效果。

4 当玫瑰的尺寸达到你想要的大小之后，用剪刀剪掉剩下的翻糖条。在打褶的过程中，丝带玫瑰可能会留下一个长长的"尾巴"。不要着急，只需要用小刀或剪刀将它剪断即可。

5 用蛋白糖霜将丝带玫瑰粘到纸杯蛋糕塔的顶部。我在这个侧边包裹了羊皮纸的蛋糕的蕾丝上也添加了一朵丝带玫瑰。

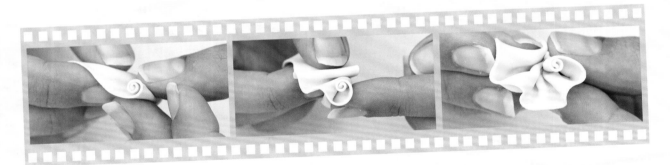

用可食用糖珠进行装饰

　　我在包裹了羊皮纸的蛋糕塔的顶端，用可食用糖珠做出了心形图案。在用翻糖蝴蝶结和丝带玫瑰装饰的蛋糕塔上也嵌入了一些可食用糖珠。

　　用小镊子一个一个地将可食用糖珠按压进翻糖里，做出造型（A）。一定要在翻糖表面还柔软的时候进行装饰，否则翻糖会裂开。如果翻糖还是柔软的，就会有足够的黏性包裹住糖珠。

Tip

　　如果糖珠在翻糖中凸出，看起来没有粘牢，你可以用可食用胶水加固一下它们。

珍珠项链装饰

1 揉制一块白色的翻糖团，直至其柔软光滑。取一块翻糖，揉成一个小小的香肠形状，长度为你想要制作的珍珠项链的长度。

2 从模具的一端开始，轻轻将翻糖挤压进模具中。如果翻糖溢出模具请不要担心，可以用小刀将溢出的翻糖切去。

3 弯折模具取出做好的珍珠项链（A）。将做好的项链搭在蛋糕塔顶端，用小刷子涂抹可食用胶水进行固定。

圆形缎带花饰

1 揉制一块白色的翻糖团，直至其柔软光滑。用一根不粘的擀面杖，将翻糖团擀薄。用5厘米的圆形模具切出一个圆形（A）。

2 分别准备粉色和白色的翻糖长条各一条，大约2厘米宽。用粉色的翻糖条沿着白色圆形翻糖的外缘做出褶皱花边，用可食用胶水粘牢（B）。

3 在白色圆形翻糖的中间涂抹可食用胶水（C），然后用白色翻糖条重复步骤2，如果都做完了之后你还能够看到中间的白色圆形翻糖，也不要担心。

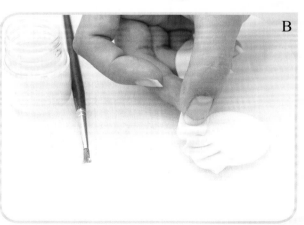

4 在中间挤上蛋白糖霜（D），再用小镊子将可食用糖珠粘在这个位置（E），你可以依照自己的喜好调节糖珠的数量。

5 将缎带花饰放在一旁晾干1小时，然后用蛋白糖霜将它粘在纸杯蛋糕塔的顶端。我将它粘在了带有珍珠项链装饰的蛋糕塔上。

Tip

可以提前做好丝带玫瑰和缎带花饰，然后放置在干燥的容器中，远离潮湿的环境。

D

E

看一看 如何制作一朵丝带玫瑰

前往

http://ideas.stitchcraftcreate.co.uk/kitchen/videos

视频教程告诉你如何用翻糖制作一朵丝带玫瑰。

复古纸杯蛋糕塔

奶油糖霜"三美"

这个有趣的、颜色淡雅的蛋糕组合是用奶油糖霜装饰的，很适合与朋友们分享。如果你不想做3个，也可以选择1～2种制作。制作这组装饰的工具都可以轻松获得，正式装饰蛋糕之前，在蛋糕模具上进行裱花练习是一个不错的方法。

技巧备忘录 这一章你会学到

✓ 用奶油糖霜堆叠、填充圆形蛋糕，并掌握在正式抹面前预抹面的方法。

✓ 用奶油糖霜在蛋糕上做出美丽的丝带花纹、扇形花纹和荷叶边花纹。

你需要

- 准备足够的蛋糕，切割出3片直径约为8厘米的圆形蛋糕用于丝带花纹裱花装饰，3片直径约为10厘米的蛋糕用于扇形花纹裱花装饰，3片直径约为12厘米的蛋糕用于荷叶边花纹裱花装饰，每片蛋糕约为4厘米高

- 装饰丝带花纹裱花蛋糕和扇形花纹裱花蛋糕需准备奶油糖霜各1千克，荷叶边花纹裱花蛋糕需准备奶油糖霜1.5千克，另外还需要准备额外的奶油糖霜750克，用以堆叠填充蛋糕及制作预抹面

- 食用色素：丝带花纹裱花用的是黄水仙花色，扇形花纹裱花用的是绿仙人掌色，荷叶边花纹裱花用的是粉色

- 8厘米、10厘米、12厘米的圆形蛋糕卡

- 编篮裱花嘴，比如Wilton 1D或者Ateco 895号；18号圆形裱花嘴；花瓣裱花嘴，比如Wilton 124号

- 一次性裱花袋

- 基础的蛋糕工艺用具（参照"工具箱"部分）

准备蛋糕坯

1 用锯齿状刀具将蛋糕较硬的表皮切掉（A）。

2 将1片卡片放在蛋糕顶端，用锋利的小刀沿着卡片切割蛋糕，注意要保持小刀垂直，不要斜着一定的角度（B）。重复以上步骤，每个蛋糕卡的尺寸需要切出3片蛋糕坯（一共9片）。

3 如果每片蛋糕的高度不一致，可以轻轻地用蛋糕分片器将它们修整成一致的高度（C）。

A

B

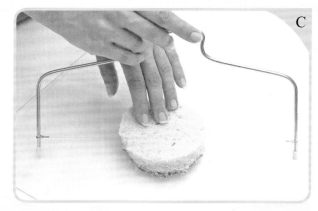

C

4 将1片蛋糕坯放置在其匹配的蛋糕卡上，用一点奶油糖霜将它们粘在一起。用一把小抹刀或调色刀在蛋糕的顶部均匀地涂抹奶油糖霜，然后粘上另一层蛋糕坯，重复以上步骤（D），最后覆上第三层蛋糕坯。以同样方法制作另外两个尺寸的蛋糕。

5 给蛋糕进行"预抹面"，用于裹住蛋糕上的碎屑。首先，将一些奶油糖霜用抹刀抹在蛋糕的外缘（E）。

6 然后将奶油糖霜抹在蛋糕的顶端（F）。刚开始的时候很容易取用过量的奶油糖霜，只需要抹平之后将多余的糖霜刮走即可。注意只需要抹薄薄的一层，裹住蛋糕的碎屑即可。

7 将制作好的蛋糕坯放入冰箱冷藏，直到这层抹面凝固（大约1小时）。这将使蛋糕变得坚固，在裱花时会更容易一些（G）。

Tip

在奶油糖霜中加一点点凉的白开水，可以使它的延展性更好。

D

E

F

G

丝带花纹裱花蛋糕

1 蛋糕在冰箱中固化时，用黄水仙花颜色的食用色素调制裱花用的奶油糖霜，将编篮裱花嘴装到一次性裱花袋上，再将奶油糖霜用勺子装入裱花袋中。

2 蛋糕硬度合适之后，将8厘米的蛋糕坯放置在裱花转台上。手持裱花袋，使花嘴呈水平状态，花嘴平滑的一端紧贴转台，有锯齿的一段朝上。在蛋糕坯的侧边垂直向上拉出一条直的奶油糖霜丝带花边（A）。如果花边的长度超过了蛋糕边缘也不要担心，你可以在之后处理蛋糕顶部时抹平它。

3 如步骤2一样挤出另一条丝带花边，但这次制作开始时，花嘴要与上次的位置有一半重叠（B）。继续拉出丝带花边，随着你的进度转动裱花转台，直到蛋糕的侧面制作完成。

4 用调色刀或抹刀将蛋糕顶部的花边边缘抹匀，然后取奶油糖霜在蛋糕顶部抹平，使其全部覆盖顶层的蛋糕坯，使蛋糕坯不会露出（C）。

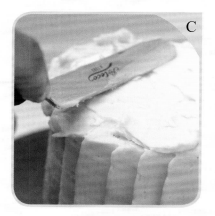

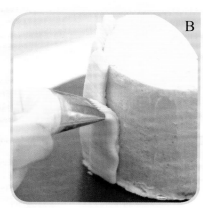

Tip

如果在裱花的过程中奶油糖霜变软了，可以把它重新冷藏几分钟。因为奶油糖霜太软，裱花看起来就没有那么整洁好看。

奶油糖霜"三美"

扇形花纹裱花
蛋糕

1 蛋糕在冰箱中固化时，用绿仙人掌颜色的食用色素调制裱花用的奶油糖霜，将18号圆形裱花嘴装到一次性裱花袋上，再将奶油糖霜用勺子装入裱花袋中。

2 蛋糕硬度合适之后，将10厘米的蛋糕坯放置在裱花转台上。手持裱花袋，从蛋糕坯侧边的底部开始沿着垂直的直线一个挨着一个地挤出奶油糖霜圆点（A）。

3 为了形成扇形效果，用勺子的柄或者花嘴按压一下糖霜圆点的右边，并拖曳一下（B）。最好每制作3个圆点就清理一下勺子或花嘴上的糖霜。

4 盖住第一排裱花留下的"尾巴"，继续挤上下一排奶油糖霜圆点，然后继续拖曳出扇形（C）。随着你的进度转动裱花转台，直到蛋糕的侧面制作完成。

5 用步骤3的方法在蛋糕的顶部制作扇形花边（D）。从顶部的外缘开始小心地按螺旋状制作，一直到蛋糕的中心。

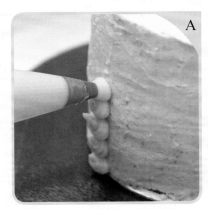

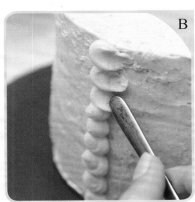

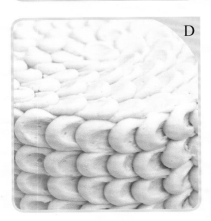

荷叶边花纹裱花蛋糕

1 蛋糕在冰箱中固化时，用粉色的食用色素调制裱花用的奶油糖霜，将花瓣裱花嘴装到一次性裱花袋上，再将奶油糖霜用勺子装入裱花袋中。

2 蛋糕硬度合适之后，将10厘米的蛋糕坯放置在裱花转台上。你会注意到裱花嘴的形状就像一滴泪珠，一头宽一头窄（A）。裱花的时候，用宽的一边接触蛋糕坯，窄的那一边对着自己，否则荷叶边会又短又笨重。

3 手持裱花袋，与蛋糕呈45°角。从蛋糕底部开始，沿着垂直的线一边慢慢挤压裱花袋，一边小幅度快速地左右轻轻晃动，直至到达蛋糕顶部，做出一整条荷叶边（B）。

4 一个接一个地垂直做出荷叶边花纹，直到蛋糕的侧面制作完成（C）。

5 蛋糕的顶层部分，需要握着裱花袋，使宽的那一边朝外，远离蛋糕中间，然后前后移动裱花袋，给蛋糕顶层的边缘裱花（D）。

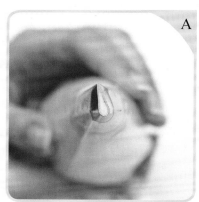
A

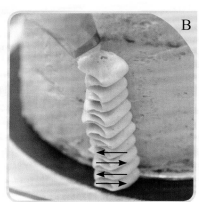
B

C

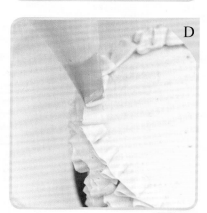
D

6 继续制作顶层的裱花，由外到里小心地按螺旋状制作，一直到蛋糕的中心（E）。

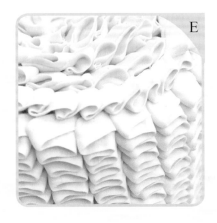

E

Tip

用花瓣裱花嘴在纸杯蛋糕上做出荷叶边装饰，可以搭配你制作的荷叶边花纹裱花蛋糕。

看一看　如何制作奶油糖霜荷叶边

前往
http://ideas.stitchcraftcreate.co.uk/kitchen/videos
视频教程告诉你如何在蛋糕上裱出奶油糖霜荷叶边。

奶油糖霜"三美"

梦幻大丽花

虽然米纸在蛋糕装饰中用得没有翻糖那么广泛，但它也是个多面手，往往可以做出华丽迷幻的装饰品，这一章介绍的花瓣装饰就是用米纸手工制作完成的，然后组装成一个圆形图案，形成一朵大丽花。如果时间有限，你可以简单地调整一下蛋糕的设计，制作小一点儿的花朵。

技巧备忘录 这一章你会学到

✓ 用奶油糖霜堆叠、填充方形蛋糕，并掌握在正式抹面前预抹面的方法。

✓ 给方形蛋糕制作糖衣（用翻糖）。

✓ 用米纸制作大丽花。

你需要

- 准备足够的蛋糕，切割出3片边长约为15厘米，高度为5厘米的蛋糕
- 600克奶油糖霜
- 1千克紫色翻糖膏
- 1汤匙蛋白糖霜，装在裱花袋中，安装2号圆形裱花嘴
- 10克白色干佩斯
- 金色食用闪粉
- A4大小的白色米纸或可食用的威化纸
- 15厘米的方形蛋糕卡
- 15厘米的方形蛋糕底座
- 丝带（至少70厘米长）和双面胶带
- 9.5厘米金属圆形模具
- 厚实的去尘刷（一把新的腮红刷的效果就很好）
- 剪刀
- 基础的蛋糕工艺用具（参照"工具箱"部分）

准备蛋糕坯

1 用锯齿状刀具将蛋糕较硬的表皮切掉。将1片卡片放在蛋糕顶端，沿着卡片切割蛋糕，注意要保持刀具垂直，不要倾斜（A）。重复以上步骤，切出3片方形蛋糕坯。如果每片蛋糕的高度不一致，可以轻轻地用蛋糕分片器将它们修整成一致的高度（B）。

2 用小抹刀或调色刀在第一层蛋糕的顶部均匀地涂抹奶油糖霜，注意不要抹的过多，否则糖霜会从蛋糕边缘溢出。粘上另一层蛋糕坯，再像之前那样抹上一层奶油糖霜（C），再覆上最后一层蛋糕坯。

3 给蛋糕进行"预抹面"，用于裹住蛋糕上的碎屑。取一些奶油糖霜，用抹刀抹在蛋糕的外缘和顶部。注意只需要抹薄薄的一层，裹住蛋糕的碎屑即可。

4 将制作好的蛋糕坯放入冰箱冷藏，直到这层抹面凝固（大约1小时）。这将使蛋糕变得坚固，更容易用翻糖糖衣裹住。

5 蛋糕的"碎屑外衣"做好之后，揉制一块紫色的翻糖团，直至其变得柔软光滑。用一根不粘的大号擀面杖将翻糖在不粘面板上擀成一个大致的方形，厚度约5毫米，用擀面杖将翻糖面皮从面板上拿起，小心地覆盖在蛋糕坯上（D）。

6 用手将蛋糕的棱或拐角处的翻糖抚平。速度要尽量快，以确保在蛋糕棱角处的翻糖皮不会撕裂。

7 用手将蛋糕侧面的翻糖上下抚平。在将翻糖边缘往下抚平时，你可能会发现在底部出现了褶皱，这时要轻轻地将翻糖从蛋糕侧面轻轻抬起，然后再自上而下抚平，不要直接在褶皱上抚弄，否则会留下褶皱的痕迹。

8 用锋利的小刀沿着蛋糕底部去除多余的翻糖（E）。

9 用蛋糕抹平器（如果有足够的工具的话，最好是两个）来修整蛋糕的顶部和边缘。这可以将翻糖与蛋糕压紧，防止出现气泡，使蛋糕外表看起来光滑平整。

10 将蛋糕用奶油糖霜粘在底座上，用丝带对蛋糕底部和底座进行装饰，并用双面胶带固定。

11 在一张厨房用纸或纸巾上倒一点可食用金色闪粉，用去尘刷蘸着轻轻地刷在蛋糕顶部（F）。

D

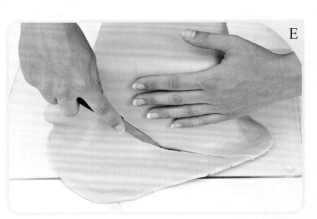

E

F

制作米纸大丽花

1 用一根不粘的擀面杖将白色干佩斯在不粘面板上擀平，按压圆形模具，切出一个大的圆形（A）。将圆形放置在一边，开始制作花瓣。

2 用一把锋利的小刀或剪刀和一把金属尺子，将米纸切成约2厘米宽的长条（B）。

3 将每个长条用剪刀剪成10个小的方形（C）。

4 用剪刀将每个方形的一端修剪成花瓣的形状（D），你需要制作大约150个这样的花瓣。

5 取一把细小的刷子沾一点点水，涂在花瓣两侧任意直的一端的边缘，注意不要涂太多水，否则米纸会碎掉（E）。

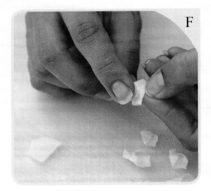

6 将花瓣两侧向中间弯折，使湿的那一侧将两边粘住（F）。

7 将所有的花瓣都用上面的步骤制作好之后，用小刷子将水涂在圆形的干佩斯边缘，将花瓣一个挨着一个地粘在上面（G）。

Tip

米纸有各种颜色的，如果你想做出不同颜色的花朵来搭配你的蛋糕，可以有多种选择。你还可以用可食用的色素喷雾来喷涂无色的米纸，制作出想要的效果。

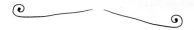

8 在内侧的一圈添加花瓣，要和之前做完的一圈根部重叠，继续制作，直到圆形干佩斯的中心，要将干佩斯完全盖住。

9 用蛋白糖霜将做好的大丽花粘在蛋糕坯正面的中心位置。

Tip

可以用3.5厘米直径的圆形翻糖和25片米纸花瓣做出一朵小的大丽花，来装饰纸杯蛋糕，然后用来搭配你制作的大丽花蛋糕。

看一看 如何制作米纸大丽花

前往

http://ideas.stitchcraftcreate.co.uk/kitchen/videos

视频教程告诉你如何制作米纸大丽花。

爱的烘焙

糖霜饼干可以作为翻糖膏的替代品，用蛋白糖霜粘在蛋糕的边缘用以装饰。虽然很多人觉得用蛋白糖霜画图案非常难，但通过在饼干上练习，你将会很快熟悉简单的蛋白糖霜装饰技巧！

技巧备忘录 这一章你会学到

✓ 用巧克力甘纳许酱堆叠、填充蛋糕，并给蛋糕预抹面。

✓ 用蛋白糖霜给心形饼干制作糖衣。

✓ 用蛋白糖霜制作圆点图案。

你需要

- 准备足够的蛋糕，切割出2片直径约为15厘米，高度为4厘米的蛋糕
- 7片直立约7厘米高的心形饼干
- 350克黑巧克力甘纳许酱
- 3汤匙打至中性发泡状态的粉色蛋白糖霜，装在裱花袋中，安装2号圆形裱花嘴
- 100毫升较稀的粉色蛋白糖霜，装在挤压瓶中
- 100毫升较稀的白色蛋白糖霜，装在挤压瓶中
- 3汤匙打至中性发泡状态的白色蛋白糖霜，装在裱花袋中，安装2号圆形裱花嘴
- 直径15厘米的圆形蛋糕卡
- 15厘米的方形蛋糕底座
- 深棕色窄丝带
- 取食签（牙签）
- 大头针（可选择）
- 基础的蛋糕工艺用具（参照"工具箱"部分）

Tip

如果条件允许，最好在使用前将巧克力甘纳许酱在室温下放置一夜。这样可以确保它在涂抹的时候更加柔滑，防止撕扯蛋糕。

准备蛋糕坯

1 用锯齿状刀具将蛋糕较硬的表皮切掉。将1片圆形卡片放在蛋糕顶端，沿着卡片切割蛋糕，注意要保持刀具垂直，不要倾斜（A）。重复以上步骤，切出2片圆形蛋糕坯。如果每片蛋糕的高度不一致，可以轻轻地用蛋糕分片器将它们修整成一致的高度。

2 用一点巧克力甘纳许酱将第一层蛋糕的底部与蛋糕卡粘在一起。然后用一把小抹刀或调色刀在第一层蛋糕的顶部均匀地涂抹巧克力甘纳许酱，注意不要抹得过多，否则巧克力酱会从蛋糕边缘溢出（B）。

爱的烘焙

3 粘上另一层蛋糕坯，轻轻地用抹刀在蛋糕坯的外侧和顶部涂抹巧克力甘纳许酱（C、D）。最开始需要涂抹薄薄的一层，用于裹住蛋糕上的碎屑，在第一层的预抹面凝固之后，再进行二次抹面，涂上较厚的一层甘纳许酱，使蛋糕坯完全被裹住。

4 将制作好的蛋糕坯放入冰箱冷藏，直到这层抹面凝固（大约1小时）。

C

D

Tip

想要做出完美的甘纳许表面，可以在甘纳许酱凝固之后，用热的抹刀或小刀涂抹表层。

用蛋白糖霜装饰饼干

1 用安装了2号圆形裱花嘴的裱花袋将打至中性发泡状态的粉色蛋白糖霜沿着饼干的边缘描边（A）。

A

2 在描好边的区域内，挤压装在挤压瓶中的较稀的粉色蛋白糖霜，使糖霜流到饼干表面（B）。小心不要挤得太多，以免从饼干上溢出，流到描边的外面去。在边缘处你可能需要牙签的帮助来填充细节的部分（C）。

3 有时表面会产生气泡，可以用大头针或牙签把它们戳破。

4 趁着糖衣没有凝固的时候，用挤压瓶将较稀的白色蛋白糖霜以点点的方式挤到每片饼干表面，形成圆点图案（D）。

5 重复步骤1~4，装饰剩下的3片饼干，但是要用白色的蛋白糖霜描边、填充，用粉色的蛋白糖霜制作圆点图案。

6 将饼干静置至少1小时，使糖衣干燥。然后分别用白色和粉色的中性发泡蛋白糖霜沿着饼干的边缘画圆点（用装有2号圆形裱花嘴的裱花袋），这样饼干就大功告成了（E）。

7 将饼干静置至少4小时，糖衣完全干燥后，用巧克力甘纳许酱将它们粘在蛋糕的外侧。

8 用丝带绕着饼干中部进行装饰，完成整个蛋糕的制作。

将饼干放在灯下干燥，可以使它的表面更有光泽。

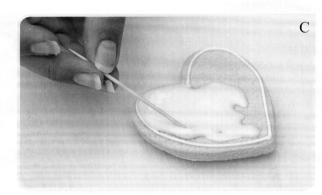

Tip

可以多制作一些心形饼干，用来搭配你制作的蛋糕。

看一看　如何用蛋白糖霜装饰饼干

前往

http://ideas.stitchcraftcreate.co.uk/
kitchen/videos

视频教程告诉你如何制作糖霜表面和
添加圆形图案。

漂亮的针线活

这一章主要介绍了一些工具，用于给蛋糕添加花纹。这一款蛋糕不仅可以制作给准妈妈用于预祝宝宝降生，也可以用于宝宝的生日或其他庆祝的日子，可以变换颜色哦。

技巧备忘录 这一章你会学到

✓ 用翻糖装饰圆形蛋糕。

✓ 用硅胶模具制作各种纽扣。

✓ 用绗缝花纹刀、浮雕图章和拼接模具制作纹理。

✓ 制作由3条丝带组成的蝴蝶结。

✓ 用蛋白糖霜写字和制作缝线效果。

你需要

- 准备足够的蛋糕，切割出2片直径约为15厘米、高度为4厘米的蛋糕
- 250克奶油糖霜
- 500克浅粉色翻糖膏
- 2汤匙蛋白糖霜，装在裱花袋中，安装1号圆形裱花嘴
- 深粉色、浅桃红色、白色干佩斯各30克
- 直径15厘米的圆形蛋糕卡
- 直径20厘米的圆形蛋糕底座，用浅粉色翻糖膏和丝带装饰
- 纽扣硅胶模具（用的是Alphabet Moulds牌纽扣模具，型号AM0089）
- 饼干切模：小的方形模具，分别为1.25厘米和0.95厘米；心形弹簧切模；褶边模具
- 小型拼接模具和浮雕图章模具（使用的是Holly Products牌的小号玫瑰印花模具和花朵图章）
- 金属尺子
- 比萨刀
- 绗缝花纹刀
- 取食签（牙签）
- 基础的蛋糕工艺用具（参照"工具箱"部分）

准备蛋糕坯

1 用锯齿状刀具将蛋糕较硬的表皮切掉。将1片卡片放在蛋糕顶端，沿着卡片切割蛋糕，注意要保持刀具垂直，不要倾斜（A）。重复以上步骤，切出2片圆形蛋糕坯。如果每片蛋糕的高度不一致，可以轻轻地用蛋糕分片器将它们修整成一致的高度。

2 用小抹刀或调色刀在第一层蛋糕的顶部均匀地涂抹奶油糖霜(B)，注意不要抹得过多，否则糖霜会从蛋糕边缘溢出。然后覆上另外一层蛋糕坯。

3 给蛋糕进行"预抹面"，用于裹住蛋糕上的碎屑。将一些奶油糖霜用抹刀抹在蛋糕的外缘和顶部。刚开始的时候很容易取用过量的奶油糖霜，只需要在最后均匀抹完时将多余的奶油糖霜刮掉即可（C）。注意只需要抹薄薄的一层，裹住蛋糕的碎屑即可。

4 将制作好的蛋糕坯放入冰箱冷藏，直到这层抹面凝固（大约1小时）。这将使蛋糕变得坚固，更容易用翻糖糖衣裹住。

5 蛋糕的"碎屑外衣"做好之后，揉制浅粉色的翻糖团，直至其变得柔软光滑。用一根不粘的大号擀面杖将翻糖在不粘面板上擀成一个大致的圆形，厚度大约5毫米，用擀面杖将翻糖面皮从面板上拿起，小心地覆盖在蛋糕坯上（D）。

6 用手自上而下将翻糖抚平。速度要尽量快，以确保蛋糕边角处的翻糖皮不会撕裂。你可能会发现在底部出现了褶皱，这时要轻轻地将翻糖从蛋糕侧面轻轻抬起，然后再自上而下抚平，不要直接在褶皱上抚弄，否则会留下褶皱的痕迹。

7 用一把锋利的小刀沿着蛋糕底部去除多余的翻糖。

8 用蛋糕抹平器（如果有足够的工具的话，最好是两个）来修整蛋糕的顶部和边缘（E）。这项工作可以将翻糖与蛋糕压紧，防止出现气泡，使蛋糕外表看起来光滑平整。

9 在蛋糕底座的中部抹上少许蛋白糖霜，然后将蛋糕坯粘在底座上。

制作纽扣

1 将一个深粉色或白色干佩斯小球压入纽扣模具中，使其充满模具的凹槽（A）。如有必要，用小刀切掉高出模具的多余的部分。

2 小心按压模具，取出做好的纽扣，将其放在一边干燥（B）。在这里我制作了15颗不同大小的纽扣，你可以随意增加或减少它们的数量，制作你自己独特的蛋糕。

3 用蛋白糖霜将5颗纽扣粘在蛋糕顶部，6颗装饰在蛋糕底座上（每2颗为一个装饰）。将剩余的3颗用于小毯子的装饰，另1颗装饰在蝴蝶结上。

制作由3条丝带组成的蝴蝶结装饰

1 将一小块白色翻糖团擀成至少50厘米长的条，用一把金属尺子跟比萨刀将其切割成2厘米宽的丝带状（A），用可食用胶水将其绕着蛋糕底部粘住（B）。用小刀修整其尺寸，丝带的两端应该可以正好对接起来。

2 用小刀或比萨刀将白色干佩斯切出3条2厘米宽、5厘米长的长条。将每个长条的两端捏出褶皱，然后从中间弯折，用可食用胶水将打褶的两端粘在一起（C、D）。这样就可以做出3条丝带组成的蝴蝶结装饰。

3 将3条丝带用蛋白糖霜粘在之前环绕蛋糕的丝带的接头处（E）。3条丝带的褶皱处应该紧靠在一起。然后用蛋白糖霜将纽扣装饰粘在它们中间（F）。

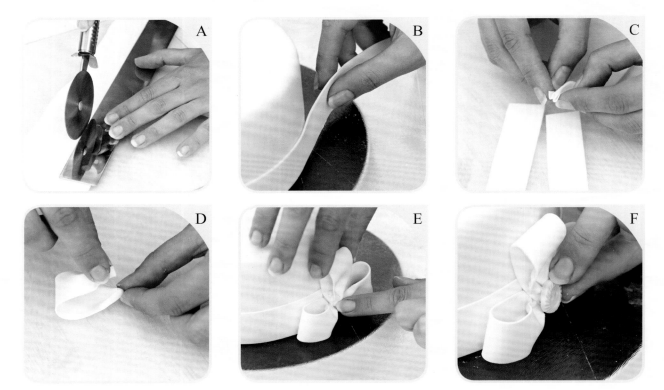

缝线效果与写字

1 用1号裱花嘴和蛋白糖霜在蛋糕底座的周围画出缝线效果的线段。在正式裱花前用一个底座或盘子来练习是一个不错的方法。右手抓住裱花袋（如果你经常用右手的话），然后用你的左手稳定裱花袋。在花嘴接触到蛋糕底座之前不要施力挤出糖霜。随着糖霜从花嘴中挤出，移动裱花袋。当花纹达到你需要的长度时，停止挤压裱花袋，使之形成线段状。尽量使每条线段之间的距离相等。

2 用同样的方法在蛋糕顶部写出"baby"这个词或者其他你想写的字（A）。

A

制作小婴儿的拼接毯子

1 用一根不粘的擀面杖将大约100克的浅粉色翻糖膏在不粘面板上擀成一个约3毫米厚的长方形。用小刀将翻糖膏修整为12厘米长、9厘米宽的片（A）。

Tip

刚制作的蛋白糖霜往往比制作了一段时间的蛋白糖霜用起来更合适，因为它更加固化，容易保持造型，也更容易控制。

A

2 拿着长方形的一端，给它们打褶（B）。然后把这块长方形翻糖小毯子用保鲜膜盖住放到一边，直到要给它进行装饰时再拿出来，这样可以防止它干燥硬化。

3 用一根小号的不粘擀面杖将白色、浅桃红色和深粉色的干佩斯在不粘面板上揉软。用1.25厘米见方的方形切模切出12块方形（6块白色、6块浅桃红，C）。再用0.95厘米见方的方形切模切出3块深粉色方形。

4 用绗缝花纹刀沿着每块白色和浅桃红色方块的边缘切出绗缝花纹（D）。

5 在2块浅桃红色、1块白色的方形上用玫瑰印花模具按出玫瑰花图案（E）。

6 在2块白色、1块桃红色方形上用蛋白糖霜各粘上1颗白色纽扣。

7 用花朵图章在3块深粉色方形上印出小的花朵图案（F）。然后将这3块深粉色方形干佩斯用可食用胶水粘到2块浅桃红色、1块白色方形上。

8 揉制一些粉色干佩斯，用心形弹簧切模切出3个小号的心形（G）。将3个心形分别用可食用胶水粘在剩下的3个方形干佩斯上。

9 将12片方形干佩斯用可食用胶水粘在小毯子上。应该从毯子直的一条边粘起，两种颜色间隔着，4个方形一排，共3排（H）。

Tip

你可以尝试着自己设计图案，将每块方形干佩斯都做得不一样。

10 用一根不粘擀面杖将一些白色干佩斯擀薄。使用褶边模具切出3个环形花边（I）。

11 用一把小刀将环形花边切开，然后放置在不粘面板上，用一根牙签前前后后按压每一个半圆形的边，制作出褶皱效果（J）。

12 用可食用胶水将制作好的褶皱花边贴在小毯子边缘处的背面，确保将毯子反过来的时候能从边缘露出花边（K）。你也可以将花边贴在毯子的正面。

13 将最终完成的小毯子用蛋白糖霜粘在蛋糕坯的上表面。

Tip

将暂时不用加工的环形花边用保鲜膜包住放在一旁，防止其变干硬化。

看一看 如何制作纽扣和在糖膏上添加图案

前往

http://ideas.stitchcraftcreate.co.uk/kitchen/
videos

视频教程告诉你如何制作纽扣和使用绗缝花纹工具、图章工具在糖膏上添加图案。

白色梦幻

这一款蛋糕设计简洁、高雅，适用于比较正式的场合或结婚典礼。你会惊讶于它是那么容易制作（但是可不要告诉你的朋友喔！）。那些带褶边的花瓣可以很快就制作出来，而且还可以提前预备。

技巧备忘录 这一章你会学到

✓ 用奶油糖霜堆叠、填充圆形蛋糕，并掌握在正式抹面前预抹面的方法。

✓ 给圆形蛋糕制作糖衣（用翻糖膏）。

✓ 给蛋糕添加翻糖条装饰。

✓ 用干佩斯制作雅致的褶皱花饰。

你需要

- 准备足够的蛋糕，切割出3片直径约为18厘米、高度为4厘米的蛋糕
- 500克奶油糖霜
- 700克白色翻糖膏，250克象牙色翻糖膏
- 1汤匙蛋白糖霜，装在裱花袋中，安装2号圆形裱花嘴
- 150克白色干佩斯
- 可食用糖珠
- 18厘米的圆形蛋糕卡
- 20厘米的圆形蛋糕底座，用白色丝带装饰
- 白色的窄缎带（至少70厘米长）和双面胶带
- 5瓣玫瑰花模具：3.5厘米，4厘米，5厘米
- 准度条
- 金属尺子
- 比萨刀（或丝带边花纹切割轮）
- 海绵衬垫
- 骨状塑形工具
- 调色盘
- 镊子
- 基础的蛋糕工艺用具（参照"工具箱"部分）

准备蛋糕坯

1 用锯齿状刀具将蛋糕较硬的表皮切掉（A）。将1片圆形卡片放在蛋糕顶端，沿着卡片切割蛋糕，注意要保持刀具垂直，不要倾斜（B）。重复以上步骤，切出3片圆形蛋糕坯。如果每片蛋糕的高度不一致，可以轻轻地用蛋糕分片器将它们修整成一致的高度。

2 用小抹刀或调色刀在第一层蛋糕的顶部均匀地涂抹奶油糖霜（C）。注意不要抹得过多，否则糖霜会从蛋糕边缘溢出。

3 粘上另一层蛋糕坯，再抹上一层奶油糖霜，覆上最后一层蛋糕坯。

4 给蛋糕进行"预抹面"，用于裹住蛋糕上的碎屑。将一些奶油糖霜用抹刀抹在蛋糕的外缘和顶部。在抹面的时候很容易将奶油糖霜抹得过多，这时可以在抹匀之后将多余的奶油糖霜刮走（D）。注意只需要抹薄薄的一层，裹住蛋糕的碎屑即可。

5 将制作好的蛋糕坯放入冰箱冷藏，直到这层抹面凝固（大约1小时）。这将使蛋糕变得坚固，更容易用翻糖糖衣裹住。

6 蛋糕的"碎屑外衣"做好之后，揉制一块白色的翻糖面团，直至其变得柔软光滑。用一根不粘的大号擀面杖将翻糖在不粘面板上擀成一个大致的圆形，厚度大约5毫米，用擀面杖将翻糖面皮从面板上拿起，小心地覆盖在蛋糕坯上（E）。

7 用手将蛋糕的棱或拐角处的翻糖抚平。速度要尽量快，以确保蛋糕棱角处的翻糖皮不会撕裂。然后，用手将蛋糕侧面的翻糖上下抚平。在将翻糖边缘往下抚平时，你可能会发现在底部出现了褶皱，这时要轻轻地将翻糖从蛋糕侧面轻轻抬起，然后再自上而下抚平，不要直接在褶皱上抚弄，否则会留下褶皱的痕迹。

8 用锋利的小刀沿着蛋糕底部去除多余的翻糖。

9 用蛋糕抹平器（如果有足够的工具的话，最好是两个）来修整蛋糕的顶部和边缘（F）。这可以将翻糖与蛋糕压紧，防止出现气泡，使蛋糕外表看起来光滑平整。

10 将蛋糕用蛋白糖霜粘在底座中间。

C

D

Tip

用蛋糕抹平器抹平蛋糕表面之后，再用小刀修整一下翻糖膏，这样可以做出更整洁的表面。

E

F

象牙色条形装饰

1 揉制1块象牙白色的翻糖面团，直至其柔软光滑。用1根不粘的擀面杖和2根准度条将翻糖面团擀成13厘米长的长方形。准度条可以保证长方形翻糖厚度一致（A）。

2 用金属尺子和比萨刀（或丝带边花纹切割轮）切出12条2厘米宽、13厘米长的长条（B）。

3 用小刷子蘸一点水将长条粘在蛋糕的侧边（C）。每一条应该沿着蛋糕底部开始，一直越过蛋糕顶部的边缘，超出大约1厘米。如果过长，可以用小刀将多余的部分修剪掉（D）。为了使蛋糕侧边每段条形之间的距离相等，你可以用尺子辅助。我在这里将它们之间的距离保持为2.5厘米。

4 所有的条形翻糖粘好之后，用双面胶带将装饰用的丝带粘在蛋糕底部。

Tip

将多余的翻糖膏留好，用保鲜膜包裹放置在室温下，使它避免干燥，这样你可以在下次装饰的时候继续使用这些翻糖。

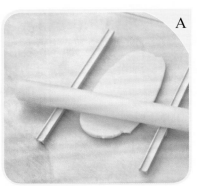 A

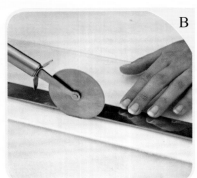 B

 C

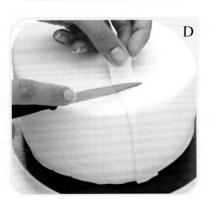 D

制作带褶边的干佩斯花

1 揉制1块白色的干佩斯，直至其变得柔软光滑。当它变得像泡泡糖一样富有弹性的时候，就可以用来进行装饰了。

2 用一根不粘的小号擀面杖在不粘面板上将干佩斯擀薄、擀平。用五瓣玫瑰花模具切出12片小号、12片中号和12片大号花朵形状，然后将它们放置在海绵衬垫上（A）。

3 用骨状塑形工具轻轻地将每片花瓣的边缘压薄，做出褶皱的效果（B）。

4 将最大的花瓣轻轻地放在调色盘的一个格子中，整理花瓣的造型，使它们重叠起来。用小刷子在其中部涂抹少量可食用胶水（C），再放上1朵中号的干佩斯花瓣，整理花瓣的造型（D）。

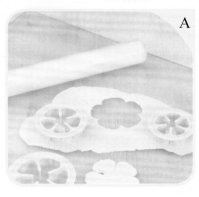

A

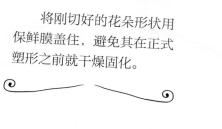

Tip

将刚切好的花朵形状用保鲜膜盖住，避免其在正式塑形之前就干燥固化。

B

C

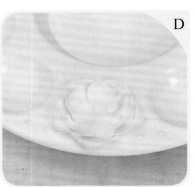

D

5 在中号干佩斯花瓣的中间涂抹更多可食用胶水，然后在上面粘上最小号的花瓣。这时你可能需要一个工具，比如球状工具或骨状工具，或是用小刷子的柄，向里轻按，制造凹下去的花朵形状（E）。重复以上步骤，制作出12朵花朵。

6 在每朵花的花心处挤上少许蛋白糖霜（F），然后用小镊子将可食用糖珠粘到花心处（G）。

7 将花朵静置一夜干燥，然后将它们用蛋白糖霜装饰在蛋糕顶层每条象牙色条形装饰的边缘处。

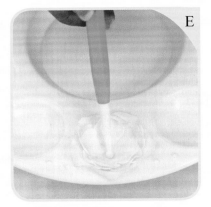

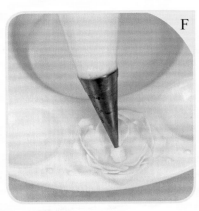

Tip

你可以给花朵多做几层花瓣，使它们有更多的褶边，但要注意，每一层花瓣需从大到小排列，最大的干佩斯花瓣在底部，最小的在顶部。

Tip

如果你想让每一层花瓣分开，看起来更加有层次感，可以用小片的厨房纸巾或餐巾纸在花朵静置干燥时将每一层隔开。记着在正式装饰蛋糕前将纸巾取走。

可以多制作一些花朵来装饰纸杯蛋糕，用来搭配你制作的白色梦幻蛋糕。

看一看　如何制作带褶边的干佩斯花

前往

http://ideas.stitchcraftcreate.co.uk/kitchen/videos

视频教程告诉你如何制作带褶边的干佩斯花。

白色梦幻

快乐的纸风车

这一款可爱的庆典蛋糕上的纸风车使用可食用糖霜纸和干佩斯制作而成。你可以选用现成的糖霜纸，也可以选择喜欢的图案，用可食用墨盒自行打印，如果你的时间够用，也可以额外制作一些风车，用于装饰饼干和杯子蛋糕，搭配这款蛋糕。

技巧备忘录 这一章你会学到

- 用奶油糖霜堆叠、填充方形蛋糕，并掌握在正式抹面前预抹面的方法。

- 给方形蛋糕制作糖衣（用翻糖膏）。

- 用干佩斯和糖霜纸制作风车装饰。

- 用硅胶模具制作纽扣。

- 用蛋白糖霜裱出圆点装饰。

你需要

- 准备足够的蛋糕，切割出3片边长约为15厘米、高度为5厘米的蛋糕

- 600克奶油糖霜

- 1千克浅黄色翻糖膏

- 5汤匙蛋白糖霜，装在裱花袋中，安装2号圆形裱花嘴

- 1张可食用糖霜纸，上面打印上你喜欢的图案

- 浅蓝色、浅绿色、蓝色干佩斯各30克，白色干佩斯20克

- 15厘米见方的方形蛋糕卡

- 20厘米见方的方形蛋糕底座，用浅黄色干佩斯和丝带装饰

- 丝带（至少70厘米长）和双面胶带

- 方形金属模具：5厘米和4.5厘米

- 纽扣硅胶模具

- 白色花艺铁丝

- 翻糖花插

- 剪刀

- 基础的蛋糕工艺用具（参照"工具箱"部分）

准备蛋糕坯

1 用锯齿状刀具将蛋糕较硬的表皮切掉。将1片方形卡片放在蛋糕顶端，沿着卡片切割蛋糕，注意要保持刀具垂直，不要倾斜（A）。重复以上步骤，切出3片方形蛋糕坯。如果每片蛋糕的高度不一致，可以轻轻地用蛋糕分片器将它们修整成一致的高度（B）。

2 用小抹刀或调色刀在第一层蛋糕的顶部均匀地涂抹奶油糖霜（C）。注意不要抹得过多，否则糖霜会从蛋糕边缘溢出。然后粘上另一层蛋糕坯，再抹上一层奶油糖霜（C），覆上最后一层蛋糕坯。

3 给蛋糕进行"预抹面",用于裹住蛋糕上的碎屑。将一些奶油糖霜用抹刀抹在蛋糕的外缘和顶部(D)。在抹面的时候很容易将奶油糖霜抹得过多,这时可以在抹匀后将多余的奶油糖霜刮走。注意只需要抹薄薄的一层,裹住蛋糕的碎屑即可。

4 将制作好的蛋糕坯放入冰箱冷藏,直到这层抹面凝固(大约1小时)。这将使蛋糕变得坚固,更容易用翻糖糖衣裹住。

5 蛋糕的"碎屑外衣"做好之后,揉制一块浅黄色的翻糖面团,直至其变得柔软光滑。用一根不粘的大号擀面杖将翻糖在不粘面板上擀成一个大致的方形,厚度约5毫米,用擀面杖将翻糖面皮从面板上拿起,小心地覆盖在蛋糕坯上(E)。

6 用手将蛋糕的棱或拐角处的翻糖抚平。速度要尽量快,以确保蛋糕棱角处的翻糖皮不会撕裂。

7 用手将蛋糕侧面的翻糖上下抚平。在将翻糖边缘往下抚平时,你可能会发现在底部出现了褶皱,这时要轻轻地将翻糖从蛋糕侧面轻轻抬起,然后再自上而下抚平,不要直接在褶皱上抚弄,否则会留下褶皱的痕迹(F)。

C

D

E

F

快乐的纸风车

8 用一把锋利的小刀沿着蛋糕底部去除多余的翻糖。

9 用蛋糕抹平器（如果有足够的工具的话，最好是两个）来修整蛋糕的顶部和边缘。这可以将翻糖与蛋糕压紧，防止出现气泡，使蛋糕外表看起来光滑平整。

10 将蛋糕用蛋白糖霜粘在底座中间。

11 用丝带对蛋糕底部进行装饰，使其与蛋糕底座齐平，并用双面胶带固定。

12 将蛋糕放在转台上，这样你在裱花的时候就更容易些。在蛋糕的侧面及上表面等距离均匀地点上圆点（G）。你喜欢点多少就可以点多少。

G

Tip

如果你做出的圆点带有一个小小的尖，可以用潮湿的小刷子轻按一下，使其变得圆滑。

制作风车

1 用边长为5厘米的方形金属模具将可食用糖霜纸切出6个方形，再用4.5厘米的模具切出3个方形（A）。可食用糖霜纸有的时候很硬，这时你要均匀按压切模，辅助切割。

A

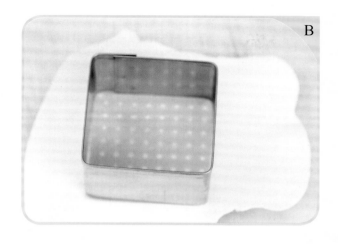

B

2 将带有图案的一面朝下，放在面板上，用小刷子在朝上的一面刷上一点凉开水。

3 用1根不粘的小号擀面杖将3种不同颜色的干佩斯在不粘面板上擀薄。然后将可食用糖霜纸带有图案的一面朝上，粘在干佩斯面皮上。用手指轻压，确保糖霜纸与干佩斯粘牢，然后使用相同大小的切模切割干佩斯，切模与糖霜纸的大小一致（B）。

4 用剪刀从方形的每一个角沿着对角线剪开，不要剪透，离着方形的中间点留出1厘米的长度，剪出4条线段（C）。

C

5 将制作好的干佩斯带有图案的一面朝下放在面板上，从上面部分的右角开始沿着顺时针方向将每一个右角向中间弯折（D、E）。如果干佩斯有些干了，你可以抹一些可食用胶水将其固定住。

Tip

在这里我使用了3种颜色的干佩斯制作风车，你可以根据自己的喜好改变风车的颜色。

D

E

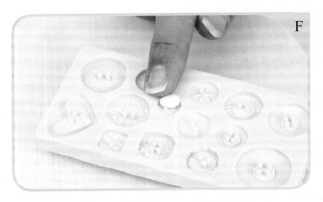

6 将一团白色干佩斯小球压进硅胶模具中（F），弯折模具取出制作好的干佩斯纽扣（G）。制成的纽扣用于装饰在风车的中心位置。

7 用蛋白糖霜将纽扣粘在每个风车的中心（H）。

完成蛋糕整体装饰

1 用蛋白糖霜将两个大号风车和一个小号风车粘在蛋糕的正面，然后在剩余的三个侧面中间各粘一个大号的风车。

2 将花艺铁丝插入剩余的风车的背面。如果铁丝太细，你可以将它对折，使它有足够的力量支撑风车（A）。

3 将接有铁丝的风车插入翻糖花插，再将花插按入蛋糕顶部的中间。

注意！

带有花艺铁丝的糖霜
风车不可以食用！

额外制作一些风车装饰，用于装饰饼干或杯子蛋糕，搭配这款蛋糕。

看一看　如何制作风车装饰

前往
http://ideas.stitchcraftcreate.co.uk/
kitchen/videos
视频教程告诉你如何用可食用糖霜纸制作风车装饰。

有趣的小杯垫

杯 垫形装饰在蛋糕装饰及展示环节中变得越来越重要。这一章讲述了如何用干佩斯制作一个可食用的杯垫装饰，以及如何与花瓣、小花互相搭配装饰，使蛋糕适用于一个春意盎然的下午茶时间。

技巧备忘录 这一章你会学到

✓ 用奶油糖霜堆叠、填充圆形蛋糕，并掌握在正式抹面前预抹面的方法。

✓ 给圆形蛋糕制作糖衣（用翻糖膏）。

✓ 用干佩斯制作美味的杯垫装饰。

✓ 用纹理模具给花朵印上脉络。

你需要

- 准备足够的蛋糕，切割出3片直径约为15厘米、高度为4厘米的蛋糕
- 450克奶油糖霜
- 575克淡绿色翻糖膏
- 1汤匙蛋白糖霜，装在裱花袋中，安装2号圆形裱花嘴
- 干佩斯：白色50克，粉色和绿色各30克，淡紫色20克
- 可食用糖珠
- 直径15厘米的圆形蛋糕卡
- 直径20厘米的圆形蛋糕底座，用淡绿色干佩斯和丝带装饰
- 切模：带花边的4厘米和5厘米圆形切模，小花朵组合切模（如PME小花弹簧切模，Tinkertech瑞香花金属切模，小号花萼切模），金属绣球花切模和纹理模具，小号叶子弹簧切模
- 圆形裱花嘴：2号和3号
- 窄缎带（至少70厘米长，不超过5毫米宽）和双面胶带
- 方形金属模具：5厘米和4.5厘米
- 海绵衬垫
- 球形塑形工具
- 基础的蛋糕工艺用具（参照"工具箱"部分）

准备蛋糕坯

1 用锯齿状刀具将蛋糕较硬的表皮切掉。将圆形卡片放在蛋糕顶端，沿着卡片切割蛋糕，注意要保持刀具垂直，不要倾斜（A）。重复以上步骤，切出3片圆形蛋糕坯。如果每片蛋糕的高度不一致，可以轻轻地用蛋糕分片器将它们修整成一致的高度。

2 用小抹刀或调色刀在第一层蛋糕的顶部均匀地涂抹奶油糖霜（B）。注意不要抹得过多，否则糖霜会从蛋糕边缘溢出，粘上另一层蛋糕坯，再抹上一层奶油糖霜，覆上最后一层蛋糕坯。

3 给蛋糕进行"预抹面"，用于裹住蛋糕上的碎屑。将一些奶油糖霜用抹刀抹在蛋糕的外缘和顶部。抹面的时候很容易将奶油糖霜抹得过多，这时可以在抹匀之后将多余的奶油糖霜刮走（C）。注意只需要抹薄薄的一层，裹住蛋糕的碎屑即可。

4 将制作好的蛋糕坯放入冰箱冷藏，直到这层抹面凝固（大约1小时）。这将使蛋糕变得坚固，更容易用翻糖糖衣裹住。

5 蛋糕的"碎屑外衣"做好之后，揉制一块淡绿色的翻糖面团，直至其变得柔软光滑。用一根不粘的大号擀面杖将翻糖在不粘面板上擀成一个大致的圆形，厚度约5毫米，用擀面杖将翻糖面皮从面板上拿起，小心地覆盖在蛋糕坯上（D）。

6 用手将蛋糕侧面的翻糖上下抚平（E）。速度要尽量快一些，防止糖衣在蛋糕的边角处撕裂。在将翻糖边缘往下抚平时，你可能会发现在底部出现了褶皱，这时要轻轻地将翻糖从蛋糕侧面轻轻抬起，然后再自上而下抚平，不要直接在褶皱上抚弄，否则会留下褶皱的痕迹。

7 用一把锋利的小刀沿着蛋糕底部去除多余的翻糖。

8 用蛋糕抹平器（如果有足够的工具的话，最好是两个）来修整蛋糕的顶部和边缘。这可以将翻糖与蛋糕压紧，防止出现气泡，使蛋糕外表看起来光滑平整。

9 将蛋糕用蛋白糖霜粘在底座中间。

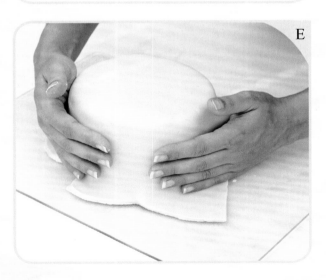

制作干佩斯杯垫

1 揉制白色的干佩斯，当它变得像泡泡糖一样柔软时，就可以用来制作干佩斯杯垫装饰了。

2 用一根不粘的小号擀面杖将干佩斯在不粘面板上擀薄，然后用4厘米的带花边圆形切模切出2片，5厘米的带花边圆形切模切模切出7片（A）。

3 用2号和3号圆形花嘴在花片上按出小孔进行装饰，我用3号花嘴在每个波浪形状上面按了一个小孔，又在其旁边用2号花嘴按了两个小一些的小孔。你也可以根据你自己的设想设计装饰小孔（B）。

4 制作好小孔装饰之后，取5片大号花片对半切开，将它们用水或可食用胶水粘在蛋糕底部，直线的一端需要跟蛋糕底部齐平（C）。

5 用缎带给蛋糕底部进行装饰，并用双面胶带固定。

6 将剩余的2片大号和2片小号杯垫装饰交叠粘在蛋糕顶部，并用少许水或可食用胶水进行固定。

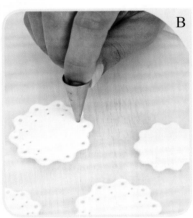

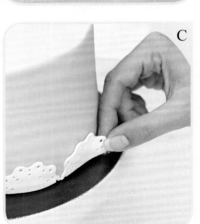

Tip

还可以用其他形状的模具切割出杯垫装饰，如水滴状的模具。

各种小花装饰

1 揉制白色和粉色的干佩斯，直至其变得柔软光滑。

2 用一根不粘的小号擀面杖将干佩斯在不粘面板上擀薄。然后用小花弹簧切模、瑞香花金属切模，小号花萼切模（制作星形小花）切出若干小花，再将这些小花放置在海绵衬垫上（A）。你可以按照自己的意愿选择切出的小花数量，我在这里制作了9朵瑞香花（5朵白色、4朵粉色），2朵粉色星形花和7朵粉色压模小花。将剩余的干佩斯用保鲜膜包好，留待备用。

3 在每朵小花的中心用球形塑形工具按压（B），使小花成为碗状。如果在按压的时候你的球形塑形工具粘在了小花中心（干佩斯刚制作好还有些黏时，这种情况经常发生），可以将其余待塑形的小花先置于一旁干燥一下。但不要干燥过久，否则在塑形时会变得过脆。

4 在每朵小花的中央挤一点蛋白糖霜作为花蕊，然后置于一旁干燥1小时。你也可以将可食用糖珠用蛋白糖霜粘在花朵的花蕊位置。

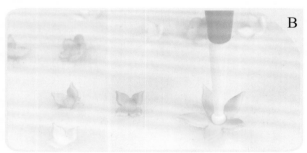

制作带褶边的小花

1 用一根不粘的小号擀面杖将干佩斯在不粘面板上擀薄。然后用4厘米的带花边圆形切模切出3片花形。

2 将每个花片对折2次，然后用手将小花底部捏紧，制成带褶边的小花。

制作绣球花装饰

1 用一根不粘的小号擀面杖将淡紫色的干佩斯在不粘面板上擀薄。然后用金属绣球花切模切出花形（A），在这里我制作了3片花形。

2 将花形放置到配套的纹理模具中（B），关上模具，在花瓣的两面压出纹理。

3 打开模具，取出花瓣，置于一旁干燥。

Tip

在干燥之前用球形工具按压一下花心处，可以使绣球花呈现自然的碗状。

Tip

如果花瓣粘在了纹理模具上，可以使用之前在模具上涂抹一层植物起酥油。

A

B

制作叶子

1 揉制绿色的干佩斯，直至其变得柔软光滑。用一根不粘的小号擀面杖将干佩斯在不粘面板上擀薄。然后用叶子弹簧切模切出叶片的形状，再轻按弹簧手柄，在叶子上印上纹理（A）。

2 将每片叶子的底部捏成"V"形（B），然后将其放在一边静置干燥。你可以按照自己的喜好决定叶子的数量，在这里我制作了5片叶子。

装饰蛋糕

1 准备好装饰蛋糕之后，在你制作的每片叶子和每朵小花背面挤上一些蛋白糖霜，然后将它们粘在蛋糕和底座合适的位置。

2 用蛋白糖霜在蛋糕上粘一些可食用糖珠，完成整个装饰。

看一看 如何制作干佩斯杯垫装饰和小花叶子装饰

前往

http://ideas.stitchcraftcreate.co.uk/
kitchen/videos

视频教程告诉你如何用干佩斯制作杯垫装饰和小花叶子装饰。

令人欣喜的糖霜刷绣

这一款蛋糕使用了糖霜刷绣的技法来制作精美的纹理。糖霜刷绣是用一把潮湿的小刷子来涂抹蛋白糖霜或奶油糖霜，呈现出羽毛状的效果。这种技法非常容易掌握，但是非常耗费时间。如果时间有限，你可以减少这款蛋糕中玫瑰图案的数量。

技巧备忘录 这一章你会学到

✓ 用奶油糖霜堆叠、填充圆形蛋糕，并掌握在正式抹面前预抹面的方法。

✓ 用翻糖装饰圆形蛋糕。

✓ 使用印花模具。

✓ 用蛋白糖霜制作糖霜刷绣。

你需要

- 准备足够的蛋糕，切割出4片直径约为20厘米、高度为4厘米的圆形蛋糕
- 800克奶油糖霜
- 1.4千克湖水绿色翻糖膏
- 7汤匙蛋白糖霜，装在裱花袋中，安装2号圆形裱花嘴
- 直径20厘米的圆形蛋糕卡
- 直径20厘米的圆形蛋糕底座
- 丝带或者蕾丝（至少70厘米长、3厘米宽），双面胶带
- 玫瑰印花模具
- 小刷子
- 基础的蛋糕工艺用具（参照"工具箱"部分）

准备蛋糕坯

1 用锯齿状刀具将蛋糕较硬的表皮切掉。将圆形蛋糕卡放在蛋糕顶端，沿着卡片切割蛋糕，注意要保持刀具垂直，不要倾斜（A）。重复以上步骤，切出4片圆形蛋糕坯。如果每片蛋糕的高度不一致，可以轻轻地用蛋糕分片器将它们修整成一致的高度。

2 用一把小抹刀或调色刀在第一层蛋糕的顶部均匀地涂抹奶油糖霜(B)，注意不要抹得过多，否则糖霜会从蛋糕边缘溢出。然后覆上另外两层蛋糕坯，像之前一样在每层之间抹上奶油糖霜，盖上最后一层蛋糕坯。

Tip

如果条件允许的话，将蛋糕放在裱花转台上，这样预抹面的时候就可以更灵活地将奶油糖霜抹开。

3 给蛋糕进行"预抹面"，用于裹住蛋糕上的碎屑。将一些奶油糖霜用抹刀抹在蛋糕的外缘和顶部。刚开始的时候很容易取用过量的奶油糖霜，只需要在最后均匀抹完时将多余的奶油糖霜刮掉即可（C）。注意只需要抹薄薄的一层，裹住蛋糕的碎屑即可。

4 将制作好的蛋糕坯放入冰箱冷藏，直到这层抹面凝固（大约1小时）。这将使蛋糕变得坚固，更容易用翻糖糖衣裹住。

5 蛋糕的"碎屑外衣"做好之后，揉制湖水蓝色的翻糖团，直至其变得柔软光滑。用一根不粘的大号擀面杖将翻糖在不粘面板上擀成一个大致的圆形，厚度大约5毫米，用擀面杖将翻糖面皮从面板上拿起，小心地覆盖在蛋糕坯上（D）。

6 用手自上而下将翻糖抚平。速度要尽量快，以确保蛋糕边角处的翻糖皮不会撕裂。在整理翻糖时，你可能会发现在底部出现了褶皱，这时要轻轻地将翻糖从蛋糕侧面轻轻抬起，然后再自上而下抚平，不要直接在褶皱上抚弄，否则会留下褶皱的痕迹（E）。

7 用一把锋利的小刀沿着蛋糕底部去除多余的翻糖。

8 用蛋糕抹平器（如果有足够的工具的话，最好是两个）来修整蛋糕的顶部和边缘。这项工作可以将翻糖与蛋糕压紧，防止出现气泡，使蛋糕外表看起来光滑平整。

C

D

E

令人欣喜的糖霜刷绣

9 在蛋糕底座的中部抹上少许蛋白糖霜，然后将蛋糕坯粘在底座上。

10 用丝带给蛋糕及底座进行装饰，并用双面胶带固定。丝带要遮住蛋糕与底座的连接处。

Tip

你可以在蛋糕底部的丝带上加上一朵丝带花用于装饰。

制作糖霜刷绣

1 用玫瑰印花模具在蛋糕顶部及侧边你想要做糖霜刷绣的位置印上玫瑰印花。你需要在糖霜皮干燥之前进行这一步骤，否则糖霜有可能会裂开。移开印花模具后你可以看到清晰的玫瑰花纹，这些线条可以作为你进行糖霜刷绣的模板（A）。

2 用蛋白糖霜描绘玫瑰图案的外部轮廓（B）。刚开始你最好先描绘一小部分，防止你还没有制作完，蛋白糖霜就干燥硬化了。

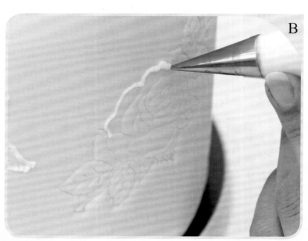

3 用一把小刷子将糖霜向玫瑰的中心刷（C）。刷的时候动作快一些，笔触短一些，这样才能制作出羽毛的效果。要不时地用清水将刷子冲洗干净，保证画出的线条清晰简洁。牢记，刷子冲洗干净之后要用厨房纸巾吸一下水分，使它不会太湿润，再继续在蛋白糖霜线上作画。

4 在玫瑰内部的线条上重复上述步骤，直到完成整幅图案。

5 在玫瑰周围挤上一些蛋白糖霜圆点，使设计看起来更完整。

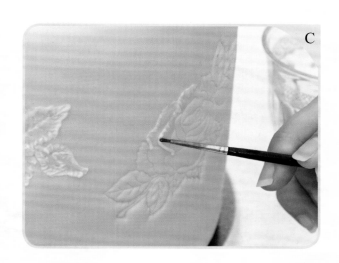

Tip

如果条件允许的话，将蛋糕放在裱花转台上。这样可以轻松地转动蛋糕进行装饰，防止你在蛋白糖霜刷绣干燥前把它弄脏。

看一看　如何制作蛋白糖霜刷绣

前往

http://ideas.stitchcraftcreate.co.uk/

kitchen/videos

视频教程告诉你如何在蛋糕上添加蛋白糖霜刷绣。

令人欣喜的糖霜刷绣

草莓茶点蛋糕

一些基础的装饰圆形蛋糕的技巧可以用于制作这款让人印象深刻的新奇的蛋糕。这款蛋糕用糖衣逼真地模仿了切开的奶油草莓蛋糕，被"切开"的位置露出了奶油和果酱的夹层。你也可以自由变换不同的颜色来装饰，比如用黄色和棕色的翻糖来模拟柠檬酱和巧克力。

技巧备忘录 这一章你会学到

✓ 用奶油糖霜堆叠、填充切掉一部分的蛋糕，并掌握在正式抹面前预抹面的方法。

✓ 用翻糖装饰切掉一部分的蛋糕。

✓ 用糖膏制作草莓和小花。

你需要

- 准备足够的蛋糕，切割出3片直径约为15厘米、高度为4厘米的圆形蛋糕
- 400克奶油糖霜
- 翻糖膏：桃粉色和红色各100克，浅粉色500克，白色200克，深粉色和绿色各30克
- 1汤匙蛋白糖霜，装在裱花袋中，安装2号圆形裱花嘴
- 直径15厘米的圆形蛋糕卡
- 直径20厘米的圆形蛋糕底座，用粉色翻糖膏和丝带装饰
- 切模：小号花萼切模、小花弹簧切模
- 长柄小刷子
- 打孔工具
- 海绵衬垫
- 球形塑形工具
- 基础的蛋糕工艺用具（参照"工具箱"部分）

Tip

可以在蛋糕坯之间的奶油糖霜中加入切成块的草莓，增加蛋糕的风味。

准备蛋糕坯

1 用锯齿状刀具将蛋糕较硬的表皮切掉。将圆形蛋糕卡放在蛋糕顶端，沿着卡片切割蛋糕，注意要保持刀具垂直，不要倾斜（A）。重复以上步骤，切出3片圆形蛋糕坯。如果每片蛋糕的高度不一致，可以轻轻地用蛋糕分片器将它们修整成一致的高度。

2 用小抹刀或调色刀在第一层蛋糕的顶部均匀地涂抹奶油糖霜，注意不要抹得过多，否则糖霜会从蛋糕边缘溢出。覆上另一层蛋糕坯，在两层之间抹上奶油糖霜（B），盖上最后一层蛋糕坯。

A

B

3 用锋利的刀子将蛋糕切去一大角（C）。

4 给蛋糕进行"预抹面"，用于裹住蛋糕上的碎屑。将一些奶油糖霜用抹刀抹在蛋糕的外缘和顶部。刚开始的时候很容易取用过量的奶油糖霜，只需要在最后均匀抹完时将多余的奶油糖霜刮掉即可。不要忘了，蛋糕切掉一块之后露出的两个面也要抹上奶油糖霜（D）。注意只需要抹薄薄的一层，裹住蛋糕的碎屑即可。

5 将制作好的蛋糕坯放入冰箱冷藏，直到这层抹面凝固（大约1小时）。这将使蛋糕变得坚固，更容易用翻糖糖衣裹住。

6 蛋糕的"碎屑外衣"做好之后，揉制桃粉色的翻糖团，直至其变得柔软光滑。用一根不粘的大号擀面杖将翻糖在不粘面板上擀成一个高度约为11.5厘米的足够长的长条用来裹住蛋糕露出的切面，用小刷子的柄按压凹进去的部分，并用手将翻糖皮抚平，使其与蛋糕更加贴合（E）。用刀子修剪掉除蛋糕切面之外多余的翻糖皮。

7 用一根大号的擀面杖揉制浅粉色的翻糖膏，在不粘面板上擀成一个大致的圆形，厚度约为5毫米。用擀面杖将翻糖面皮从面板上拿起，小心地覆盖在蛋糕坯上（F）。

Tip

如果奶油糖霜在抹面的时候不容易抹开，可以在奶油糖霜中加一点水，使它更加柔滑。这样可以防止抹面的时候由于用力过猛使蛋糕撕裂。

草莓茶点蛋糕

8 用手自上而下将翻糖抚平，但注意不要碰切掉一块的地方。速度要尽量快，以确保在蛋糕边角处的翻糖皮不会撕裂。在整理翻糖时，你可能会发现在底部出现了褶皱，这时要轻轻地将翻糖从蛋糕侧面抬起，然后再自上而下抚平。不要直接在褶皱上抚弄，否则会留下褶皱的痕迹。将切掉一块部分的边角连接处的多余翻糖切掉（G），然后用手指轻轻地将浅粉色和桃粉色翻糖的连接处捏合。

9 用一把锋利的小刀沿着蛋糕底部去除多余的翻糖。

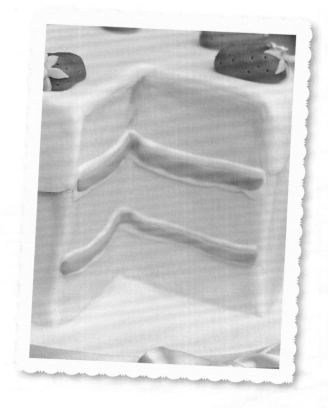

Tip

虽然在这里没有展示，但是你也可以将切掉的那一块蛋糕用翻糖装饰一下，然后摆在主蛋糕的旁边。

10 用蛋糕抹平器修整蛋糕的顶部、边缘切掉一块的部分的内部。这项工作可以将翻糖与蛋糕压紧，防止出现气泡，使蛋糕外表看起来光滑平整（H）。

草莓茶点蛋糕

11 揉制白色的翻糖团，将其擀成一个直径约20厘米的圆形。将圆形蛋糕卡放在翻糖皮的中间，作为蛋糕顶层的模板。用一把小刀沿着蛋糕卡附近约2厘米的距离在翻糖皮上切出不规则的波浪形（I）。轻轻地将切出的翻糖皮放在蛋糕顶部，然后将侧面抚平（J）。用刀子修掉切掉一块的部分多出来的翻糖（K）。

12 揉制两条窄的白色翻糖条及两条更窄的深粉色翻糖条，来装饰切掉一块蛋糕的部分。用可食用胶水将深粉色翻糖条粘到每条白色翻糖条的中间（L）。用这种翻糖条来代表蛋糕坯的夹层。如果你喜欢不同的夹层效果，可以使用不同的颜色，比如用黄色和棕色的翻糖来模拟柠檬酱和巧克力。

13 将做好的翻糖条用可食用胶水水平粘在切掉一块的部分。用长柄刷的柄按压凹进去的部分是最容易的辅助方式（M）。最后用刀子修剪掉多余的部分。

14 用蛋白糖霜将蛋糕坯粘在蛋糕底座的中间。

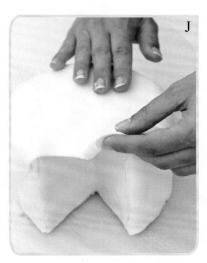

模拟蛋糕夹层的翻糖条可以不必那么笔直，这样反而可以制作出夹层内馅要溢出来的效果。

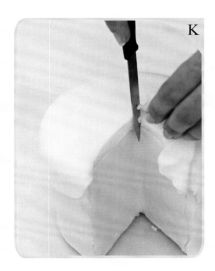

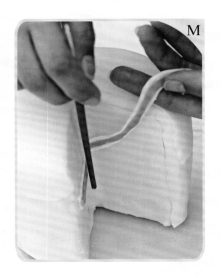

草莓茶点蛋糕

制作草莓装饰

1 取一团红色翻糖球捏成草莓的形状，大约5厘米长。重复这一步骤，制作出6个草莓形状（A）。

2 揉制绿色的翻糖，用小号花萼切模切出6个花萼形状（A）。用可食用胶水将每个花萼粘在每颗草莓的顶部。

3 用绿色翻糖制作6个小花蒂，然后用可食用胶水粘在每个花萼上（B）。

4 用打孔工具在每个草莓的表面戳出小洞，模拟草莓种子（C）。

A

Tip

可以提前做好翻糖草莓，将它们置于干燥的室温环境中。

B

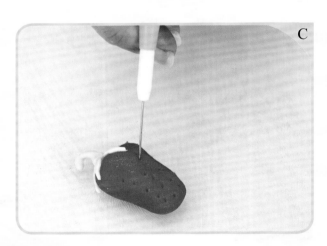

C

草莓茶点蛋糕

制作小花装饰

1 将一些粉色翻糖擀薄，然后用小花弹簧切模按压出6片小花形状（A）。将小花放在海绵衬垫上，用球形工具给它们塑形。

2 在每朵小花的花心处挤上一个蛋白糖霜点（B），然后放在一旁晾干。

3 用可食用胶水将制作好的小花粘在每个翻糖草莓上。

4 将翻糖草莓装饰用蛋白糖霜粘在蛋糕顶部。

Tip

可以多制作一些小花装饰粘在蛋糕底座上，作进一步的搭配。

看一看 如何用翻糖制作草莓和小花装饰

前往

http://ideas.stitchcraftcreate.co.uk/kitchen/videos

视频教程告诉你如何用翻糖制作草莓和小花装饰。

草莓茶点蛋糕

浪漫的蕾丝和玫瑰

这一款蛋糕用手作的玫瑰和用镂空板制作的蛋白糖霜蕾丝来装饰。这一章介绍的技巧没有看起来那么复杂。这种技巧还可以用于装饰其他甜品，如纸杯蛋糕和糖霜饼干。

技巧备忘录 这一章你会学到

- ✓ 用奶油糖霜堆叠、填充方形蛋糕，并掌握在正式抹面前预抹面的方法。

- ✓ 用翻糖装饰方形蛋糕。

- ✓ 用干佩斯制作带叶子的玫瑰。

- ✓ 用蛋白糖霜和镂空板制作漂亮的蕾丝图案。

你需要

- 准备足够的蛋糕，切割出3片直径约为15厘米、高度为5厘米的方形蛋糕

- 600克奶油糖霜

- 1千克浅绿色翻糖膏

- 7汤匙蛋白糖霜，用于制作蕾丝图案；2汤匙蛋白糖霜，装在裱花袋中，安装2号圆形裱花嘴，用于粘合玫瑰花和叶子

- 干佩斯：100克浅粉色，20克绿色

- 可食用珍珠光泽闪粉

- 20厘米长的方形蛋糕底座，用浅绿色翻糖膏和浅粉色丝带装饰

- 15厘米长的方形蛋糕卡

- 蕾丝镂空板（C362）

- 切模：9厘米五瓣玫瑰切模，4厘米五瓣玫瑰切模。大号和小号叶子切模（用的是2.7厘米和2厘米切模）

- 丝带（至少70厘米长、3厘米宽），双面胶带

- 厚实的去尘刷（一把新的腮红刷的效果就很好）

- 取食签（牙签）

- 海绵衬垫

- 骨形塑形工具

- 绗缝花纹刀

- 基础的蛋糕工艺用具（参照"工具箱"部分）

准备蛋糕坯

1 用锯齿状刀具将蛋糕较硬的表皮切掉。将方形蛋糕卡放在蛋糕顶端，沿着卡片切割蛋糕，注意要保持刀具垂直，不要倾斜（A）。重复以上步骤，切出3片方形蛋糕坯。

2 如果每片蛋糕的高度不一致，可以轻轻地用蛋糕分片器将它们修整成一致的高度（B）。

3 用小抹刀或调色刀在第一层蛋糕的顶部均匀地涂抹奶油糖霜，注意不要抹得过多，否则糖霜会从蛋糕边缘溢出。覆上另一层蛋糕坯，在两层之间抹上奶油糖霜（C），盖上最后一层蛋糕坯。

4 给蛋糕进行"预抹面"，用于裹住蛋糕上的碎屑。首先，将一些奶油糖霜用抹刀抹在蛋糕的外缘（D）。

5 给蛋糕的顶部进行抹面（E）。刚开始的时候很容易取用过量的奶油糖霜，只需要在最后均匀抹完时将多余的奶油糖霜刮掉即可。注意只需要抹薄薄的一层，裹住蛋糕的碎屑即可。

6 将制作好的蛋糕坯放入冰箱冷藏，直到这层抹面凝固（大约1小时）。这将使蛋糕变得坚固，更容易用翻糖糖衣裹住（F）。

7 蛋糕的"碎屑外衣"做好之后，揉制浅绿色的翻糖团，直至其变得柔软光滑。

8 用一根不粘的大号擀面杖将翻糖在不粘面板上擀成一个大致的方形，厚度约5毫米，用擀面杖将翻糖面皮从面板上拿起，小心地覆盖在蛋糕坯上（G）。

9 用手自上而下将翻糖抚平。速度要尽量快，以确保在蛋糕边角处的翻糖皮不会撕裂。

10 用手整理侧面翻糖的形状，在抚弄到蛋糕底部时，你可能会发现出现了褶皱，这时要轻轻地将翻糖从蛋糕侧面抬起，然后再自上而下抚平（H）。不要直接在褶皱上抚弄，否则会留下褶皱的痕迹。

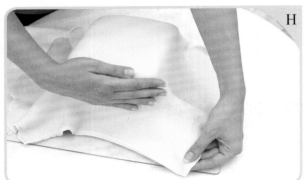

11 用一把锋利的小刀沿着蛋糕底部去除多余的翻糖。

12 用蛋糕抹平器（如果有足够的工具的话，最好是两个）来修整蛋糕的顶部和边缘。这项工作可以将翻糖与蛋糕压紧，防止出现气泡，使蛋糕外表看起来光滑平整（I）。

13 用厚实的去尘刷蘸取一些可食用珍珠光泽闪粉，涂抹在蛋糕顶层（J）。

Tip

　　如果你在覆盖翻糖皮时不小心弄出了小洞或小裂痕，可以拿一小块同样颜色的翻糖，加适量水调制成半液体状，轻涂在裂痕处将它掩盖住。

制作镂空蕾丝图案

1 将镂空板放置在蛋糕的一个面上（A）。

2 用抹刀取一些蛋白糖霜，抹在镂空板上。要确保镂空板的每一个凹槽都被填满（B）。做这一步的时候，要小心，不要移动镂空板。

3 轻轻地抬起镂空板，制成蕾丝图案（C、D）。在对蛋糕的下一个面进行装饰之前，要将镂空板上的蛋白糖霜清理干净。

4 用少许蛋白糖霜将蛋糕固定在底座上，用丝带给蛋糕底部进行装饰，并用双面胶带固定。丝带要与底座齐平。

A

B

C

D

浪漫的蕾丝和玫瑰

制作大号玫瑰装饰

1 揉制浅粉色的干佩斯，当它变得像泡泡糖一样柔软时，就可以用来制作玫瑰花了。

2 取弹珠大小的干佩斯小球，捏成水滴状，插在牙签上，作为玫瑰花苞。这个花苞的大小要能够被模具切出的一个五瓣玫瑰花包住。把带玫瑰花苞的牙签插在泡沫板上（A）。

3 用一根不粘的小号擀面杖将剩下的干佩斯在不粘面板上擀薄，然后用大号五瓣玫瑰切模切出一个花形（B）。将剩下的干佩斯用保鲜膜包好，防止变干。

4 把切出的花放在海绵衬垫上，用骨形塑形工具轻轻地按压擀薄每一片花瓣的边缘，形成波浪褶皱效果（C）。

5 轻轻地将干佩斯花翻过来，用一把小刷子在每片花瓣下方的1/3处刷上可食用胶水（D）。

6 将涂有胶水的一面朝上，放在手指上。然后将带玫瑰花苞的牙签从干佩斯花的中间穿过，使牙签穿过手指，使干佩斯花与花苞底端紧贴。将一个花瓣粘到花苞上，尽量粘的多一些，将花苞包起来（E）。

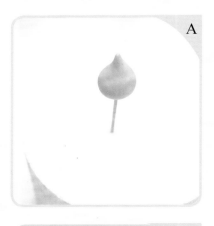

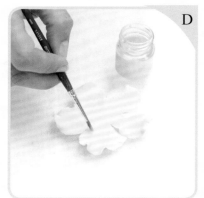

7 将第一片粘起来的花瓣的对面方向的花瓣也粘到花苞上（F）。

8 把剩余的3片花瓣也粘到花苞上，依次与上一片花瓣重叠（G）。最后用大拇指将花瓣轻轻舒展。

9 将玫瑰花插到泡沫板上（H），然后准备另一层花瓣，重复步骤3、4。

10 将花瓣边缘用骨形塑形工具处理好之后，小心地将干佩斯花翻转过来，放到海绵衬垫上。用取食签（牙签）轻轻地将每个花瓣边缘卷起（I）。然后再将干佩斯花翻过来，在每片花瓣下方的1/3处刷上可食用胶水。

11 将涂有胶水的一面朝上，放在手指上。把带玫瑰花苞的牙签从干佩斯花的中间穿过（J）。

12 把每一片花瓣朝着花心处包裹起来，依次重叠（K）。用大拇指将花瓣轻轻舒展，最后将做好的玫瑰花放到一边晾干（L）。

F

G

H

I

J

K

L

制作小号玫瑰装饰

1 用一根不粘的小号擀面杖将浅粉色的干佩斯在不粘面板上擀薄，然后用小号五瓣玫瑰切模切出一个花形。

2 把第一片花瓣（编号1）卷成一个紧紧的圆柱形。

3 将编号3的花瓣用可食用胶水粘在圆柱上。

4 将每一片花瓣朝着花心处包裹起来，依次重叠。从5号花瓣开始，然后是2号，最后是4号。用可食用胶水将它们的位置固定，再用大拇指将花瓣轻轻舒展开。

5 修剪捏合玫瑰的底部，使其能够立起来，然后将其放在一边静置干燥。需要制作15个小号玫瑰来装饰蛋糕，但是最好多制作一些备用。

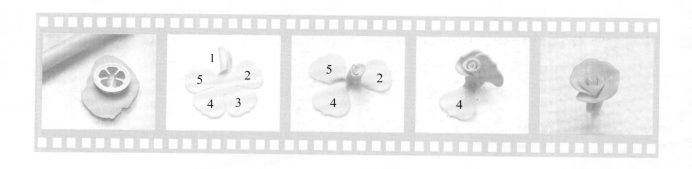

制作玫瑰叶子

1 用一根不粘的小号擀面杖将浅绿色的干佩斯在不粘面板上擀薄，然后用叶子切模切出至少15片小号叶片和2片大号叶片（A）。

2 用绗缝花纹刀沿着每片叶子的中心轻轻切出叶脉纹路（B）。

3 将每片叶子的底部捏成"V"形，然后将其放在一边静置干燥。

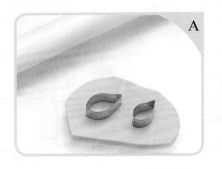

Tip

可以提前做好玫瑰花和叶子装饰，这样在需要用到它们的时候，就已经干燥完毕了。

完成整体装饰

在每朵玫瑰和叶子的背面挤一点蛋白糖霜，将它们粘在蛋糕合适的位置上。蛋糕的每个面的蕾丝装饰中间，都应粘上3朵小玫瑰花和3片叶子。大号玫瑰花装饰应该粘在蛋糕底座上，紧挨着蛋糕底部，配上2片大号叶子。

在粘贴玫瑰花和叶子时，蛋白糖霜如果使用太多，可能会从装饰品的背面溢出，可以在装饰前用一把干燥的小梳子轻轻地将多余的糖霜拭去。

看一看 如何将蛋白糖霜和镂空板搭配使用

前往

http://ideas.stitchcraftcreate.co.uk/

kitchen/videos

视频教程告诉你如何用蛋白糖霜制作镂空图案。

浪漫的蕾丝和玫瑰

牡丹&珍珠完美搭配

这一款高雅的蛋糕是由珍珠、美丽的小花和绚丽的牡丹来装饰的，非常适合复古下午茶时间。制作这款蛋糕需要一系列技巧，你可以将这些技巧用在其他装饰品或花朵的制作上。

技巧备忘录 这一章你会学到

✓ 用翻糖装饰圆形蛋糕。

✓ 用硅胶模具制作珍珠串和胸针。

✓ 用干佩斯制作牡丹花、瑞香花和叶子。

✓ 用墨西哥帽子技巧制作盛开的花朵。

你需要

- 准备足够的蛋糕，切割出3片直径约为15厘米、高度为4厘米的圆形蛋糕
- 350克奶油糖霜
- 575克白色翻糖膏
- 2汤匙蛋白糖霜，装在裱花袋中，安装2号圆形裱花嘴
- 干佩斯：75克深粉色，20克绿色，200克白色
- 可食用珍珠光泽闪粉和银色闪粉
- 可食用糖珠
- 15厘米直径的圆形蛋糕卡
- 20厘米长的圆形蛋糕底座，用白翻糖膏和粉色丝带装饰
- 切模：小号和中号牡丹花瓣切模，五瓣玫瑰切模，小号瑞香花切模，大号叶子弹簧切模，小号牵牛花切模
- 硅胶模具：珍珠串模具，胸针模具
- 深粉色丝带（至少1米长、3厘米宽），双面胶带
- 铁丝花蕊
- 骨形塑形工具
- 海绵衬垫
- 球形塑形工具
- 小棍（或最小尺寸的擀面杖）
- 基础的蛋糕工艺用具（参照"工具箱"部分）

准备蛋糕坯

1 用锯齿状刀具将蛋糕较硬的表皮切掉。将圆形蛋糕卡放在蛋糕顶端，沿着卡片切割蛋糕，注意要保持刀具垂直，不要倾斜（A）。重复以上步骤，切出3片圆形蛋糕坯。如果每片蛋糕的高度不一致，可以轻轻地用蛋糕分片器将它们修整成一致的高度。

2 用小抹刀或调色刀在第一层蛋糕的顶部均匀地涂抹奶油糖霜（B），注意不要抹得过多，否则糖霜会从蛋糕边缘溢出。然后覆上另一层蛋糕坯，在两层之间抹上奶油糖霜，盖上最后一层蛋糕坯。

3 给蛋糕进行"预抹面"，用于裹住蛋糕上的碎屑。将一些奶油糖霜用抹刀抹在蛋糕的外缘和顶部。刚开始的时候很容易取用过量的奶油糖霜，只需要在最后均匀抹完时将多余的奶油糖霜刮掉即可（C）。注意只需要抹薄薄的一层，裹住蛋糕的碎屑即可。

4 将制作好的蛋糕坯放入冰箱冷藏，直到这层抹面凝固（大约1小时）。这将使蛋糕变得坚固，更容易用翻糖糖衣裹住。

5 蛋糕的"碎屑外衣"做好之后，揉制白色的翻糖团，直至其变得柔软光滑。用一根不粘的大号擀面杖将翻糖在不粘面板上擀成一个大致的圆形，厚度大约5毫米，用擀面杖将翻糖面皮从面板上拿起，小心地覆盖在蛋糕坯上（D）。

6 用手自上而下将翻糖抚平。速度要尽量快，以确保在蛋糕边角处的翻糖皮不会撕裂。你可能会发现在底部出现了褶皱，这时要轻轻地将翻糖从蛋糕侧面抬起，然后再自上而下抚平，不要直接在褶皱上抚弄，否则会留下褶皱的痕迹。

7 用锋利的小刀沿着蛋糕底部去除多余的翻糖。

8 用蛋糕抹平器（如果有足够的工具的话，最好是两个）来修整蛋糕的顶部和边缘（E）。这项工作可以将翻糖与蛋糕压紧，防止出现气泡，使蛋糕外表看起来光滑平整。

9 在蛋糕底座的中部抹上少许蛋白糖霜，然后将蛋糕坯粘在底座上。

制作牡丹花

1 将一团深粉色的干佩斯揉成直径约3厘米的球状，制成花蕊，如果不打算食用这朵花的话，也可以用泡沫塑料球代替。

2 将剩余的深粉色干佩斯揉软，然后用一根不粘的擀面杖在不粘面板上将其擀薄。用小号牡丹花瓣切模切出13片牡丹花瓣，将它们放在海绵衬垫上。

3 用骨形塑形工具轻轻按压每片花瓣上半部分的边缘处。若想达到自然的褶皱效果，花瓣需要做得非常薄。在进行这一步骤时，如果骨形工具跟花瓣粘在一起，有可能会将花瓣撕裂。这时需要把花瓣放在一边干燥一会儿，然后再继续加工褶边。

4 在2片花瓣的背面用小刷子涂一些可食用胶水，然后将它们粘在花蕊球上，将花蕊球裹住，粘的位置要两两相对。

5 再将5片花瓣的背面涂上可食用胶水，将它们围着花蕊球互相重叠地粘住。小心不要让这些花瓣将花蕊球的顶部包住。

6 用剩余的6片花瓣作为第三层，继续一片叠一片地粘在花蕊球外层。

7 用中号牡丹花瓣切模切出7片花瓣。

8 用骨形塑形工具在海绵衬垫上按压每片中号花瓣的边缘处，然后将每片花瓣都放在一个茶匙中，使它们干燥的同时弯曲成一个弧形。将花瓣置于一旁干燥30分钟，达到有韧性却又不易碎的状态。

9 用可食用胶水将花瓣一片接一片粘在牡丹花的外缘。在粘贴的时候，用手指轻轻抚弄，使它们微微弯向花心。将制作好的牡丹花放在玻璃杯或小碗中过夜，使其干燥，并保持一个"碗"的形状。

10 牡丹花干燥好之后，重复步骤7~9，不过这次要切出9片花瓣，继续在外缘叠加一层。

11 用一根不粘的擀面杖将一些绿色干佩斯擀薄，然后用五瓣玫瑰切模切出一个花形，将其包在牡丹花底部的外面，并用可食用胶水固定。

12 牡丹花干燥好之后，用蛋白糖霜将它粘在蛋糕的顶部。

Tip

由于牡丹花需要干燥一夜，最好在正式制作蛋糕之前就先做好牡丹花。

制作珍珠串

1 揉制一团白色的干佩斯，直至其柔软光滑，将其揉成一个小小的香肠形状，长度为你想要制作的珍珠串的长度。

2 从模具的一端开始，轻轻将干佩斯挤压进模具中（A）。如果干佩斯溢出模具请不要担心，可以用小刀将溢出的干佩斯切去（B）。

3 弯折模具，取出做好的珍珠串（C）。大约需要制作12条这样的珍珠串。

4 用一把厚实的刷子在每条珍珠串上刷上珍珠光泽闪粉（D）。

5 从蛋糕底部开始，将每条珍珠串用少许可食用胶水一串接一串地紧挨着粘好（E）。每一层大约需要1.5串珍珠串。

6 继续一层层增加珍珠串，直到大约覆盖半个蛋糕（约8层珍珠串）。要确保层与层之间紧挨着不留缝隙。

7 在蛋糕中部缠上一圈丝带，并用双面胶带固定，使丝带底边紧挨最上一层珍珠。也可以在丝带上加一个带有长尾巴的蝴蝶结装饰（用双面胶粘牢）。

Tip

如果你没有时间制作太多的珍珠串，可以减少珍珠串的数量。

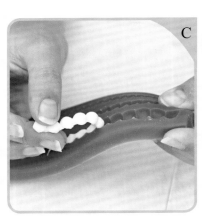

制作胸针装饰

1 揉制一小团白色的干佩斯，直至其柔软光滑，将其压入胸针模具中，使干佩斯团充满整个模具（A）。用小刀将溢出的干佩斯切去。

2 小心弯折模具，取出做好的胸针。

3 取一些银色闪粉，混合无色的酒或清水，用刷子涂在胸针表面（B）。待胸针干燥后，用蛋白糖霜将其粘在蝴蝶结装饰上。

制作瑞香花和叶子

1 揉制一小团白色的干佩斯，直至其柔软光滑。用一根不粘的小号擀面杖将其在不粘面板上擀薄，用小号瑞香花切模切出5片花形。

2 将干佩斯花放置在海绵衬垫上，用球形工具按压花朵中心给它们塑形（B），使其变成碗状。

3 在每朵小花的花心处用蛋白糖霜粘上一颗可食用糖珠，放在一边晾干。

4 制作花的叶子，首先要用一根不粘的小号擀面杖将绿色的干佩斯在不粘面板上擀薄，然后用大号叶子弹簧切模切出叶子的形状，再用弹簧柄在叶子上印上叶脉（C）。

5 将每片叶子的底部捏成"V"形，将其放在一边静置干燥（D）。我在这个设计中使用了6片叶子（4片置于蛋糕顶部，2片置于蛋糕底座上），你可以按照自己的喜好进行增减。

6 待瑞香花和叶子干燥后，将它们用蛋白糖霜装饰在蛋糕顶部及底座上。

制作牵牛花装饰

1 揉制一小团白色的干佩斯，直至其柔软光滑。取弹珠大小的一个干佩斯小球，捏成水滴状。

2 夹起水滴状干佩斯的边缘，将其捏成墨西哥宽檐帽的形状。

3 用小棍在不粘面板上将帽子边缘擀薄。

用小刷子将可食用闪粉涂抹到花瓣的边缘和花蕊处，能够给花朵增添一些颜色和光泽。

4 将小号牵牛花切模放在墨西哥帽子的中间，均匀用力按压，切出一个花形。

5 将牵牛花拿在手中，用小棍戳入花心1/2处，进行造型。

6 折3段铁丝花蕊，装入花心，花蕊的末端从花心底部穿出。捏紧花心底部，将花蕊进行固定。

7 重复以上步骤制作出5朵牵牛花。

8 将花朵置于一旁干燥，然后用蛋白糖霜将其粘在蛋糕上。

注意！

带有铁丝花蕊的花朵是不可以食用的，所以记得在吃蛋糕之前把它们拿开。当然，你可以选择不用花蕊装饰，这样它们就可以食用了。

看一看 如何用墨西哥帽子技巧制作盛开的花朵

前往

http://ideas.stitchcraftcreate.co.uk/kitchen/videos

视频教程告诉你如何用墨西哥帽子技巧制作盛开的花朵。

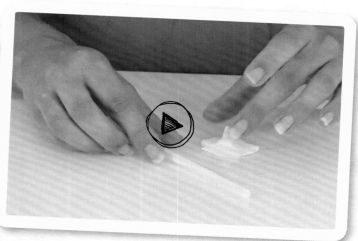

蛋糕和饼干配方

下面介绍的配方主要是基础的海绵蛋糕、纸杯蛋糕和饼干。原料可以依据需要的尺寸跟个人的口味进行适当删减。表格中列出的数值适合圆形跟方形的模具。我们通常会将蛋糕坯做的比实际需要的尺寸至少大3厘米，因为蛋糕有时候会回缩，并且大一点儿的尺寸有利于你将蛋糕外皮较坚硬的部分切掉。任何口味的蛋糕都可以在本书中用到，展示出你的创意来吧！

简单的香草味海绵蛋糕

这是一个非常简单的配方，可以让你快速做出一个蛋糕。只需要一点点准备和几个简单的步骤，一个松软美味、口感清爽的香草味海绵蛋糕就出炉了。

1 将烤箱预热至180℃（风循环模式下160℃），将蛋糕模具的侧边涂上黄油，并在底部铺上烘焙用纸。

2 将所有原料（见109页表格）放到一个大碗或厨师机中，搅拌混合均匀。

3 把混合物倒入蛋糕模具中，并用抹刀抹平。

4 置入预热好的烤箱，烤25分钟，烤好之后取一根牙签从中间插入，如果牙签拔出之后是干净的，就证明蛋糕已经烤好了。若蛋糕小于15厘米（6英寸），烤制的时间就要减少一些；若蛋糕大于20厘米（8英寸），烤制的时间就要增加一些。

5 将蛋糕从烤箱中取出，连带模子一起静置5分钟，然后倒扣在冷却架上直到完全变凉。在正式装饰之前不要忘了将蛋糕底部的烘焙用纸揭掉。

配料

依照以下的分量，在模子中做出的蛋糕大约有7.5厘米（3英寸）高。如果你没有7.5厘米深的模具，可以将混合物倒进两个浅一些的模具中（至少4厘米深）。蛋糕在加热时会至少"长高"至模具的一半高度。

材料＼蛋糕尺寸	7.5厘米（3英寸）圆形	10厘米（4英寸）圆形/7.5厘米（3英寸）方形	12.5厘米（5英寸）圆形/10厘米（4英寸）方形	15厘米（6英寸）圆形/12.5厘米（5英寸）方形	18厘米（7英寸）圆形/15厘米（6英寸）方形	20厘米（8英寸）圆形/18厘米（7英寸）方形	23厘米（9英寸）圆形/20厘米（8英寸）方形	25.5厘米（10英寸）圆形/23厘米（9英寸）方形	28厘米（11英寸）圆形/25.5厘米（10英寸）方形	30厘米（12英寸）圆形/28厘米（11英寸）方形
无盐黄油（室温）	30克（1oz）	60克（2¼oz）	75克（2¾oz）	125克（4½oz）	175克（6oz）	225克（8oz）	275克（9½oz）	350克（12oz）	450克（1lb）	575克（1lb 4oz）
精细白砂糖	30克（1oz）	60克（2¼oz）	75克（2¾oz）	125克（4½oz）	175克（6oz）	225克（8oz）	275克（9½oz）	350克（12oz）	450克（1lb）	575克（1lb 4oz）
大号鸡蛋	1	1	1	2	3	4	5	6	8	10
低筋面粉	30克（1oz）	60克（2¼oz）	75克（2¾oz）	125克（4½oz）	175克（6oz）	225克（8oz）	275克（9½oz）	350克（12oz）	450克（1lb）	575克（1lb 4oz）
泡打粉（茶匙）	¼	½	¾	1	1½	2	2½	3	4	5
香草精（茶匙）	½（2.5毫升）	½（2.5毫升）	½（2.5毫升）	¾（3.75毫升）	1（5毫升）	1½（7.5毫升）	1¾（8.75毫升）	2¼（6.25毫升）	3（15毫升）	3¾（18.75毫升）

添加风味

- 可以给香草味海绵蛋糕和香草味纸杯蛋糕添加其他不同的味道，例如：

柠檬风味　加入半个柠檬榨出的汁及柠檬皮碎屑，可以给蛋糕添加柠檬的味道，也可以用柠檬油代替。

巧克力风味　用可可粉（不加糖的可可粉）替换70克低筋面粉。

咖啡风味　在混合物中添加3茶匙（约45毫升）意式浓缩咖啡。

快手巧克力味海绵蛋糕

这是一个很棒的巧克力味海绵蛋糕配方，若想让它风味更加浓郁，你可以用黑可可粉或加入一些利口酒。

1 将烤箱预热至180℃（风循环模式下160℃），将蛋糕模具的侧边涂上黄油，并在底部铺上烘焙用纸。

2 将原料中的可可粉和开水单独放到一个大碗中，搅拌成糊状。再将剩下的所有原料倒入碗中，用搅拌器或大勺子搅拌，混合均匀。这一步也可以用电动打蛋器或厨师机完成，但注意不要过度打发。

3 把混合物倒入蛋糕模具中，并用抹刀抹平。

4 置入预热好的烤箱，烤25~30分钟。若蛋糕小于15厘米（6英寸），烤制的时间就要减少一些；若蛋糕大于20厘米（8英寸），烤制的时间就要增加一些。

5 将蛋糕从烤箱中取出，连带模子一起静置5分钟，然后倒扣在冷却架上直到完全变凉。在正式装饰之前不要忘了将蛋糕底部的烘焙用纸揭掉。

Tip

在蛋糕烤到一半时不要打开烤箱"偷看"，突如其来的低温会使烤制中的蛋糕坯下陷。

海绵蛋糕小窍门

- 蛋糕模的内壁上需要抹一点儿黄油，并在模具底部添加内衬，防止蛋糕粘住。可以用小刷子将融化后的黄油涂在模具内壁上。添加内衬，可以剪一片比模具底部略小的圆形（用于圆形模具）或方形（用于方形模具）的烘焙用纸铺在模具底部（如果底部抹上油的话，烘焙用纸会粘住）。

- 每一个烤箱都是不同的，因此烘焙所用的时间也各异。一个烤好的蛋糕，它的中间部分在你用手指轻按时，应该坚硬且有弹性。蛋糕烤好的另一个信号是模具边缘的蛋糕开始回缩。

配料

依照以下的分量，在模子中做出的蛋糕大约有7.5厘米（3英寸）高。如果你没有7.5厘米深的模具，可以将混合物倒进两个浅一些的模具中（至少4厘米深）。蛋糕在加热时会至少"长高"至模具的一半高度。

巧克力蛋糕会比其他蛋糕产生更多的碎屑。在制作夹层或抹面的时候，你可以用点心刷刷掉多余的碎屑。

蛋糕尺寸　材料	7.5厘米（3英寸）圆形	10厘米（4英寸）圆形/7.5厘米（3英寸）方形	12.5厘米（5英寸）圆形/10厘米（4英寸）方形	15厘米（6英寸）圆形/12.5厘米（5英寸）方形	18厘米（7英寸）圆形/15厘米（6英寸）方形	20厘米（8英寸）圆形/18厘米（7英寸）方形	23厘米（9英寸）圆形/20厘米（8英寸）方形	25.5厘米（10英寸）圆形/23厘米（9英寸）方形	28厘米（11英寸）圆形/25.5厘米（10英寸）方形	30厘米（12英寸）圆形/28厘米（11英寸）方形
可可粉（不含糖）	10克（¼oz）	15克（½oz）	20克（¾oz）	25克（1oz）	40克（1½oz）	50克（1¾oz）	65克（2½oz）	75克（2¾oz）	100克（3½oz）	125克（4½oz）
沸水（茶匙）	¾（11.25毫升）	1½（22.5毫升）	2（30毫升）	3（45毫升）	4½（67.5毫升）	6（90毫升）	7½（112.5毫升）	9（135毫升）	12（180毫升）	15（225毫升）
无盐黄油（室温）	15克（½oz）	25克（1oz）	35克（1¼oz）	50克（1¾oz）	75克（2¾oz）	100克（3½oz）	125克（4½oz）	150克（5½oz）	200克（7oz）	250克（9oz）
精细白砂糖	40克（1½oz）	75克（2¾oz）	100克（3½oz）	150克（5½oz）	225克（8oz）	300克（10½oz）	375克（13oz）	450克（1lb）	600克（1lb 5oz）	750克（1lb 10oz）
大号鸡蛋	1	1	1	2	2	3	4	5	6	8
低筋面粉	20克（¾oz）	40克（1½oz）	60克（2¼oz）	90克（3¼oz）	125克（4½oz）	175克（6oz）	225克（8oz）	275克（9½oz）	350克（12oz）	425克（15oz）
泡打粉（茶匙）	⅛	¼	⅓	½	¾	1	1¼	1½	2	2½
全脂牛奶（茶匙）	½（7.5毫升）	1（15毫升）	1⅓（20毫升）	2（30毫升）	3（45毫升）	4（60毫升）	5（75毫升）	6（90毫升）	8（120毫升）	10（150毫升）

香草味纸杯蛋糕

这是基础的香草味纸杯蛋糕配方，能帮你做出膨松的纸杯蛋糕，然后就可以依照你的想法进行装饰了。

配料

可制作12个大号纸杯蛋糕（麦芬型号）或16个小号纸杯蛋糕（仙女蛋糕型号）。

- 175克室温状态下无盐黄油
- 175克精细白砂糖
- 3个室温下大号鸡蛋
- 1茶匙（5毫升）香草精
- 175克低筋面粉

1 将烤箱预热至180℃（风循环模式下160℃），将纸杯放在纸杯蛋糕模具中。

2 在烤箱预热的时候，用电动打蛋器将黄油和砂糖充分打发，直到混合物颜色变浅（这一步骤大约需要5分钟），呈慕斯状。

3 将鸡蛋逐个加入混合物中，每加入一个鸡蛋都要充分搅拌均匀，然后加入香草精和过筛后的面粉，用勺子将混合物小心地搅拌均匀。

4 把混合物倒入纸杯中，高度大约在2/3处。将模具置入预热好的烤箱，烤大约20分钟，直到蛋糕表面变得金黄。烤好后取一根牙签从中间插入，如果牙签拔出后是干净的，就证明蛋糕已经烤好了。

5 将蛋糕从烤箱中取出，连带模子一起静置5分钟，取出纸杯蛋糕放到冷却架上，直到完全变凉。

纸杯蛋糕小窍门

- 使用室温下的鸡蛋和黄油，可以使烘焙更加容易。将黄油拿出冰箱静置1小时，使其在室温下软化，能够更好地跟砂糖打发至膨松状态。冰冷的鸡蛋会使混合物凝结，如果发生这种情况，你可以加入一大汤匙面粉，然后用力搅拌。

- 纸杯蛋糕储存大于3天时，最好选择纸板纸杯蛋糕盒或宽松的带盖容器（非完全密封的）。如果放在密闭容器中，由于空气不流通，蛋糕表面跟纸杯上可能会析出水分。

关于纸杯蛋糕的容器

纸杯蛋糕容器有很多种不同型号和不同颜色，并且由很多不同的材料组成。有些纸杯要比其他品种更坚固，因此，需要你一个个去尝试，找出你用起来最顺手的那一款。所有的纸杯蛋糕容器（除了硅胶容器跟硬纸板容器之外）在倒入蛋糕面糊之前，都需要放到纸杯蛋糕模中，因为这些容器都不够坚固，不足以支撑蛋糕面糊。

纸质蛋糕托　这种最常用的蛋糕托不是防油纸或玻璃纸做的，所以黄油常常会从中渗出，在纸杯上留下油渍。要防止这种状况，可以一次使用两层纸质蛋糕托。

防油纸蛋糕托　这种纸托是用防油纸做成的，能够防止液体跟黄油渗出。

玻璃纸蛋糕托　这种容器与防油纸蛋糕托类似，同样可以防止油脂渗出。玻璃纸在制作过程中用水蒸气处理过，表面比较光滑。

金属蛋糕托　锡纸蛋糕托非常坚固，并且防油。金色跟银色蛋糕托是最受欢迎的，也有其他颜色的蛋糕托可供选择。

硅胶蛋糕托　这种容器在烘焙时不需要放到纸杯蛋糕模中，可以直接放在平面的烘烤架上。它们可以水洗并重复使用。但是由于它们不是一次性的，因此不能够用作礼物的包装，要不然你的蛋糕托就会一去不复返了。

硬纸板蛋糕托　这种容器可以直接放在烤架上。它们有各种不同的可爱花纹，很适合展示纸杯蛋糕，或者作为礼物送给他人。

纸杯蛋糕围边　这种纸质的围边是在纸杯蛋糕烤好放凉之后装饰用的。它们有很多不同的图案和颜色，能够将蛋糕装饰的更精美。大多数围边是不防油的，所以最好在装饰上围边后不久就将蛋糕吃掉，否则会出现油渍。

Tip

纸杯蛋糕容器的尺寸不是固定的，因此倒入面糊之前要注意选择与你的纸杯蛋糕模大小一致的纸托。

蛋糕和饼干配方

113

美式计量尺寸

如果你喜欢使用美式计量尺寸，请参照以下内容。

液体

1茶匙=5毫升

1汤匙=15毫升

½ 杯 = 120毫升 (4fl oz)

1 杯 = 240毫升 (8½fl oz)

未过筛的糖粉

1 杯 = 115克 (4oz)

黄油

½ 杯/1 条 = 115克 (4oz)

1 杯/2 条 = 225克 (8oz)

不含糖可可粉

1 杯 = 100克 (3½oz)

细砂糖

½ 杯 = 100克 (3½oz)

1 杯 = 200克 (7oz)

面粉

1 杯 = 125克 (4½oz)

香草饼干

我用过很多不同的饼干配方，这款配方能够很好地保持饼干的形状。饼干面团也能够稳定冷藏至少1个月。你可以将剩下的面团用保鲜膜包好，留待下次使用。

配料

可制作30片大号饼干。

- 175克室温状态下无盐黄油
- 200克精细白砂糖
- 2个室温下大号鸡蛋
- 1茶匙（5毫升）香草精
- 400克低筋面粉
- 半茶匙食盐

1 用电动打蛋器将黄油和砂糖充分打发，直到混合物颜色变浅，呈膨松状。然后将鸡蛋一个接一个地混合进去，加入香草精。

2 另外取出一只空碗，将面粉和食盐充分混合，再将其加入到黄油和鸡蛋的混合物中，搅拌均匀。你可能会发现，在加入面粉和盐之后，电动打蛋器使用起来会不太方便，这时只要用勺子将混合物小心地搅拌均匀即可。

3 把面团放到一个较平的盘子中，盖上一层保鲜膜，放入冰箱冷藏1小时。

4 将制好的面团放入冰箱时，烤箱预热至180℃（风循环模式下160℃）。

5 面团备好之后，在木质面板上撒少许面粉，将面团放在上面用擀面杖擀平。如果面团黏性太大，粘在擀面杖上，可以在擀面杖和面团之间放一张烘焙纸或保鲜膜，也可以在面团表面撒一些面粉，但是要适量，面粉撒的过多会使面团变硬。

6 用饼干模具或小刀将面饼切出想要的形状，然后用刮刀小心地将饼干移到铺有烘焙用纸的烤盘或烤架上。饼干之间要留出空隙，确保它们受热膨胀后不会互相碰触。

7 将饼干置入预热好的烤箱，烤制8~12分钟。饼干的边缘呈金黄色的时候，就代表已经烤好了。如果饼干的中部依然是软的，请不要担心，当它冷却下来之后就会变硬，要等到它们完全冷却之后再进行装饰。

饼干小窍门

- 要确保饼干放在烤架上时互相之间的距离一致，这样能够使饼干均匀受热。

- 记住烤制时，大号的饼干所需要的时间比小号的饼干要长。

- 要想确保每片饼干的厚度一致，揉制面团时最好使用带校准垫片的擀面杖。

- 想要制作带颜色的饼干，可以在正式擀面皮和烤制之前将食用色素加到饼干面团中。

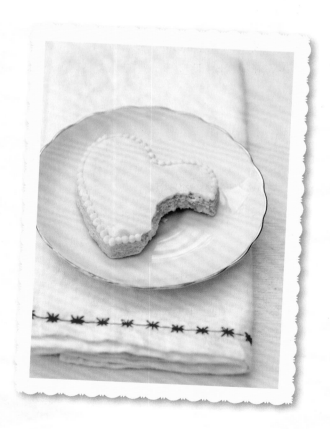

填充夹馅

奶油糖霜和巧克力甘纳许酱是两种最常见的蛋糕夹层馅料，它们也可以用于蛋糕坯的抹面。以下就是填充夹馅的配方。

香草味奶油糖霜

这种清淡松软的经典馅料是将黄油跟糖粉充分打发制成的。

配料

可制作500克奶油糖霜，足够用于一个20厘米（8寸）、三层的蛋糕抹面及制作夹层，或是装饰24个纸杯蛋糕。

- 175克室温状态下无盐黄油
- 350克过筛糖粉
- 2个室温下大号鸡蛋
- 2汤匙（30毫升）凉开水
- 1茶匙（5毫升）香草精

1 用电动打蛋器将所有混合物搅打5分钟，直至混合物颜色变浅，变得膨松。最好是先慢速搅打，待糖粉混合均匀后，再逐渐加快速度。

2 根据个人喜好，添加其他味道或颜色的材料。

Tip

奶油糖霜可以储存在密闭容器中，在冰箱中保存一周。在正式用到它之前，要至少提前30分钟从冰箱中取出，置于室温中软化。

奶油糖霜小窍门

- 奶油糖霜由于含很多黄油，成品颜色往往是淡黄色的，这会给上色带来一定的困难，尤其当你想把它染成粉色时，加入红色或粉色食用色素之后，往往得到的是杏黄色。在蛋糕装饰商店里有一种食用增白剂可以解决这种问题，也可以用白色的植物起酥油代替配方中的黄油。

- 在将原料混合搅拌时，可以在搅拌碗上盖一块湿布，防止糖粉喷溅。

- 要想奶油糖霜不那么浓稠，可以加入一点水，但要记得一点点分次加入，直到得到你想要的效果。

- 如果你的厨房很温暖，最好在奶油糖霜中加一小撮塔塔粉，使其不容易融化。

巧克力甘纳许酱

巧克力甘纳许是由融化的巧克力和奶油混合而成的，它可以在温热的时候倒在蛋糕上，制作釉面。或者是冷却之后打发作为填馅，用于蛋糕装饰。巧克力甘纳许酱可以在冰箱中保存大约2周，或者冷冻保存3个月。在使用之前提前拿出来放在室温中解冻。

配料

可制作足够的黑色、牛奶或者白巧克力甘纳许，用于给一个20厘米（8寸）、三层的蛋糕抹面及制作夹层。

- 125克高脂奶油

- 200克黑巧克力/牛奶巧克力或360克白巧克力，切成小块。

1 将奶油用小炖锅煮开。

2 将小炖锅从火上移开，加入巧克力，搅拌直至柔滑。

3 使混合物冷却至室温（如果不用来制作釉面的话），再用电动打蛋器或勺子打至顺滑。

巧克力甘纳许酱小窍门

白巧克力在制作时更棘手一些，因为它们如果过度加热会裂开。在奶油的量不变的情况下，将白巧克力的比例提高（相对黑巧克力和牛奶巧克力）可以缓解这一问题。

糖衣

翻糖、干佩斯和蛋白糖霜都可以将你的蛋糕变得极富艺术性，也是制作各种蛋糕装饰的必备之物。翻糖和干佩斯都可以在蛋糕装饰商店或网上商店买到，有多种颜色。蛋白糖霜自制就很方便，也很容易进行染色。

翻糖膏

翻糖膏是一种可用来装饰蛋糕和制作可食用装饰的糖制面团。它的保存期限相对较长，并且比较容易买到，颜色多样。如果你不喜欢去购买成品翻糖膏，可以用以下的配方自己制作。

配料

制作500克白色翻糖膏。

- 500克糖粉，额外再准备一些糖粉备用
- 2汤匙（30毫升）液体葡萄糖
- 1个大号鸡蛋蛋白

Tip

翻糖膏可以跟干佩斯以1：1的比例混合使用，混合物会更加柔韧且可保存较长时间，很适合用来塑形和装饰。

1 将糖粉过筛入一个大碗中，在糖粉中间挖一个洞，缓慢倒入液体葡萄糖和蛋白，用一把木勺搅拌均匀，将其混合为一个面团。

2 将翻糖面团放在一个撒满糖粉的工作台表面，用手揉到柔韧光滑。如果面团黏手，可额外撒一些糖粉。制作好的翻糖可以马上使用，也可以用保鲜膜包好，储存留待以后使用。

糖衣

棉花糖翻糖膏

翻糖膏还可以用棉花糖来制作，叫做棉花糖翻糖膏。有些人比较喜欢使用这种翻糖，因为它比普通翻糖更柔软且更甜。

配料

制作500克白色棉花糖翻糖膏。

- 500克迷你棉花糖
- 2汤匙（30毫升）水
- 白色植物起酥油，防粘用
- 575克过筛的糖粉

1 将迷你棉花糖和水放在一个大号的微波炉专用碗中，放入微波炉，中档加热1分钟，静置1分钟后再微波加热1分钟。

2 把碗从微波炉中取出，用一个抹过起酥油的（用以防止混合物粘在上面）木制勺子搅拌顺滑。

3 加入糖粉充分混合。

4 将棉花糖翻糖膏揉光滑，用保鲜膜包好储存在室温中。

Tip

棉花糖翻糖膏比普通翻糖膏软，因此在装饰蛋糕时可能会困难一些。

翻糖膏小窍门

- 不要把覆有翻糖膏的蛋糕放在冰箱中，否则糖衣和装饰品可能会冷凝变形。

- 覆有翻糖膏的蛋糕最好放置在硬纸板箱里，空气可以流通。不能放在密封容器中，否则翻糖会析出水分,装饰品会变得柔软。

- 若用于精巧装饰的翻糖膏过软，可以在每250克翻糖膏中加入1茶匙黄蓍胶，使它变得更加柔韧，能够被擀的很薄。

- 如果你在使用的时候发现翻糖膏变干了，可以揉进一些起酥油，使它恢复柔软。

- 翻糖膏加盖保鲜膜之后可以在室温中保存数月。

估算翻糖膏的用量

下面的图展示了装饰圆形和方形蛋糕时大约需要的翻糖膏量。如果你对使用翻糖膏不是特别熟练的话，最好在估计的量的基础上再多准备一些。以下用量是假设翻糖膏被擀至5~6毫米薄。

糖衣

圆形蛋糕尺寸（直径）

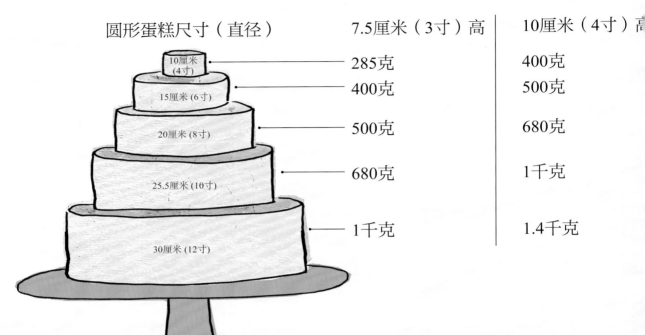

	翻糖用量	
	7.5厘米（3寸）高	10厘米（4寸）高
10厘米（4寸）	285克	400克
15厘米（6寸）	400克	500克
20厘米（8寸）	500克	680克
25.5厘米（10寸）	680克	1千克
30厘米（12寸）	1千克	1.4千克

方形蛋糕尺寸（边长）

	翻糖用量 10厘米（4寸）高
10厘米（4寸）	500克
15厘米（6寸）	680克
20厘米（8寸）	1千克
25.5厘米（10寸）	1.4千克
30厘米（12寸）	2千克

〜 糖衣 〜

干佩斯

　　干佩斯是添加了使胶变硬的媒介的翻糖团，它经常被用来制作花朵和较复杂的装饰，因为它可以被擀得像纸一样薄而不会破，且光滑有韧性。干佩斯容易受潮和升温，不用的时候应该用保鲜膜紧紧包裹，放置在密闭容器内。

配料

　　制作大约900克白色干佩斯。

- 4个大号鸡蛋蛋白
- 900克糖粉，额外准备一些糖粉备用
- 12茶匙泰勒粉
- 4茶匙白色植物起酥油

1 将蛋白置于碗中，用电动打蛋器高速搅打10秒。

2 把打蛋器的速度调到最低，缓慢加入800克糖粉，这将制作出湿性发泡的蛋白糖霜。

3 糖粉跟蛋白充分混合之后，把打蛋器调至中速，打发2分钟。

4 再将打蛋器调到低速，加入泰勒粉，你会发现混合物变得浓稠起来。

5 将混合物从碗中刮到撒有糖粉的操作台上。将双手抹上白色植物起酥油，加入剩余的

100克糖粉，揉成一个柔软光滑的干佩斯团。如果你的手指是干净的，说明干佩斯已经揉好了。

6 用保鲜膜将干佩斯包好，最好在用之前放入冰箱冷藏24小时。在正式使用之前要提前拿出置于室温中软化。

Tip

　　在制作干佩斯的时候可以用黄蓍胶代替泰勒粉。但是，泰勒粉会相对便宜一些。

给翻糖膏和干佩斯上色

液体食用色素不适合用来给翻糖膏和干佩斯上色，因为它会改变面团的浓稠度，使其变黏，难以加工。最好使用胶状色素，一点点加入色素，直至面团变成你想要的颜色。

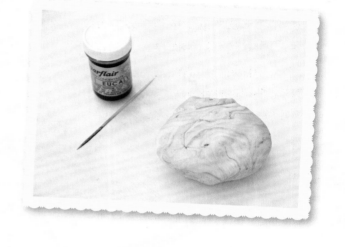

1 用一根取食签或牙签蘸取少许色素到面团上，深色效果需要比浅色多蘸一些。

2 将面团揉匀，使颜色均匀分布。

可以戴上一次性手套，防止你的手也被染色。

使用装饰性闪粉和粉尘

- 官方关于装饰用闪粉和粉尘食品安全分类已经有了变化，所以在选择它们作为装饰时要特别注意是否注明"可食用的"和"无毒害的"，并且要遵照生产商的使用说明。只有标注了"可食用的"闪粉和粉尘才能用作饰品装饰，否则只能用来装饰不能吃的或者最终会移除的装饰品。如果你不确定手头的产品是否可食用，一定要联系供应商搞清楚产品的用途。除了闪粉，还有其他可供选择的装饰可以给蛋糕添加光泽。

- **可食用彩珠** 是成千上百个特别小的糖珠，有多种颜色。

- **银糖珠** 小糖球外面包裹着可食用的金属色糖衣，又被称为可食用糖珠。

- **巧克力彩针** 是由巧克力制成的小型棒状装饰物，有多种颜色。

- **糖砂** 是一种透明的糖制晶体，有多种颜色。

蛋白糖霜

蛋白糖霜是糖粉和蛋白的混合物。这种糖霜可以加少许水调稀（变得更柔软）。干性发泡的蛋白糖霜（未加水的）主要用来制作较精细的装饰品如花朵，还可以用作黏合剂，将装饰品粘在蛋糕上。中性发泡和湿性发泡的蛋白糖霜可以用来裱花，还可以加水稀释后装饰糖霜饼干。蛋白糖霜能够用胶质和液体食用色素来染色。

配料

制作大约250克干性发泡蛋白糖霜。

- 240克糖粉
- 1个大号鸡蛋蛋白
- 1/4茶匙柠檬汁

1 将糖粉筛入搅拌碗，加入蛋白。

2 用电动打蛋器低速搅打5分钟，直到达到干性发泡状态。

3 用木制勺子加入柠檬汁。

干蛋白和蛋白霜粉可以在加水调和后代替配方中新鲜的蛋白来制作蛋白糖霜。怀孕的女士、幼儿和身体抱恙的人不能食用生鸡蛋。

蛋白糖霜小窍门

- 蛋白糖霜应尽量避免暴露在空气中，因为它很容易干燥，失水后表面会结成硬皮，变得不再适合裱花。为了避免这种情况发生，应在刚做好的新鲜蛋白糖霜表面覆盖保鲜膜，然后再盖上一块潮湿的布。

- 蛋白糖霜在密闭容器中可以在冰箱里保存5天，储存后再次使用的时候需要用木制勺子重新搅拌一下。

- 在用蛋白糖霜裱花时，打发到什么程度取决于你的个人喜好。但是如果糖霜能直接从花嘴中滴出，就说明打发得过软。相反，如果你必须大力挤压才能将糖霜从裱花袋中挤出，说明打发过度。不软不硬才能有一个好的开始。

蛋糕展示

当你花费时间将蛋糕装饰好之后，在它形态最漂亮的时候将它展示出来就变得极其重要。这一部分介绍了一些小窍门，帮你将蛋糕变得更加瞩目。

用翻糖糖衣覆盖蛋糕底座

将蛋糕放在覆有糖衣的底座上，给你的蛋糕一个完美Ending。

1 在不粘面板上揉制翻糖膏，直至其柔软光滑。

2 用一根不粘的擀面杖将翻糖擀薄，大约4毫米厚。

3 将蛋糕底座用一块湿润的布擦湿，然后用擀面杖将翻糖面皮从面板上拿起，小心地覆盖在蛋糕底座上，再用手将其抚平（A）。

4 用刀子切掉多余的翻糖糖衣（B）。

5 用蛋糕抹平器或手掌，将糖衣表面抹光滑。

6 用手指摩擦蛋糕底座边缘，使其光滑。

用丝带装饰蛋糕底座

　　蛋糕底座用翻糖糖衣装饰后，用宽度大约1.5厘米的丝带围着底座边缘进行装饰，最后用双面胶固定。

最好选择与蛋糕颜色相呼应的丝带作为装饰。

甜点展示台

　　现在有各种各样的甜点展示台跟甜点盘，可以用来搭配不同类型的蛋糕。但是要注意展示台要能够承受蛋糕的重量，并起到给蛋糕装饰锦上添花的作用。通常蛋糕的尺寸要比展示台的尺寸小2.5~5厘米。

给甜点展示台加上相应颜色的丝带也可以将其变成整个蛋糕造型的一部分。

作者简介

菲奥娜·皮尔斯于2009年由悉尼移居至伦敦，以一名爱好者的身份开始接触蛋糕装饰。她在布鲁克林学院完成了关于蛋糕装饰的系统训练，她的蛋糕设计表现出了显著的复古风，其专注于小型甜点的制作，如纸杯蛋糕、饼干和小型庆祝蛋糕，同时她也开始教学工作，指导他人学习蛋糕装饰。

在赢得了一系列关于纸杯蛋糕的奖项之后，菲奥娜·皮尔斯的作品变得供不应求，她在2011年开创了自己的事业——Icing Bliss。她也是伦敦西南部Cakeology公司的一名常驻教师。

www.icingbliss.co.uk
www.facebook.com/icingbliss

致谢

我真的非常享受撰写这本书的过程，并且真心感谢在这本书编写过程中帮助过我的每一个人。这是个非常棒的团队，没有以下朋友的帮助，我无法完成这一任务。

非常感谢我的出版商及David & Charles的团队——James Brooks、Victoria Marks、Grace Harvey和我的项目编辑Jo Richardson，他们给了我宝贵的建议。还要感谢我的摄影师Sian Irvine和她的助理，他们尽心尽力地拍出精美的图片并一张张呈现出那美丽的光影。谢谢James Mabbett和Vince North帮我把所有视频教程集合在一起。跟你们所有人在一起工作真的是太美妙了。

我非常感谢在准备这本书的时候来自朋友、家人及网上烘焙社区的支持。一个特别的感谢要送给我朋友和Cakeology公司的同事们，他们给了我很多鼓励和建议。

最后也是最重要的，谢谢我的丈夫Dave给予我的无尽的支持和耐心。他诚实地指出我的错误和不足，没有你不可能有这本书的问世，谢谢你常常带给我的所有欢乐！

图书在版编目（CIP）数据

蛋糕装饰技艺 /（英）菲奥娜·皮尔斯著；于涛译. -- 北京：中国纺织出版社，2018.9

书名原文：Cake Craft Made Easy

ISBN 978-7-5180-4882-3

I. ①蛋… II. ①菲… III. ①蛋糕—糕点加工 IV. ① TS213.23

中国版本图书馆CIP数据核字（2018）第066635号

原文书名：Cake Craft Made Easy: Step-by-Step Sugarcraft Techniques for 16 Vintage-Inspired Cakes

原作者名：Fiona Pearce

Copyright © Fiona Pearce, David & Charles Ltd 2013, an imprint of F&W Media International, LTD. Brunel House, Newton Abbot, Devon, TQ12 4PU.

本书中文简体版经F&W Media International, LTD授权，由中国纺织出版社独家出版发行。

本书内容未经出版者书面许可，不得以任何方式或任何手段复制、转载或刊登。

著作权合同登记号：图字：01-2014-2357

责任编辑：卢志林　　　责任印制：王艳丽

特约编辑：翟丽霞　　　装帧设计：水长流文化

中国纺织出版社出版发行

地址：北京市朝阳区百子湾东里A407号楼　邮政编码：100124

销售电话：010 - 67004422　传真：010 - 87155801

http: // www.c-textilep.com

E-mail: faxing@c-textilep.com

中国纺织出版社天猫旗舰店

官方微博http: // weibo.com/2119887771

北京华联印刷有限公司印刷　各地新华书店经销

2018年9月第1版第1次印刷

开本：889×1194　1/16　印张：8

字数：90千字　定价：78.00元

凡购本书，如有缺页、倒页、脱页，由本社图书营销中心调换